1 花のフリをしたハナカマキリが、アサヒカズラの花の上でオナシアゲハを捕らえた瞬間。

2 へんてこなヘビみたいに見えるツマベニチョウの幼虫。危険が迫ると胸を膨らませ、目玉模様がよく目立つようになっている。

3 逆さに見ると人の顔そっくりのジンメンカメムシ。マレーシアやタイなどに生息する。

4 タイで撮影したウシロムキアルキ（日本名がないので勝手に命名）。お尻側が顔のように見える。敵をあざむくためか、後ろ向きに歩く。

世渡り術 其の一

「隠れたい」「目立ちたい」なら“フリ”をすべし

1 琥珀（こはく）に閉じ込められたツノゼミの幼虫とアリ。樹液の中に閉じ込められて数千万年の時がすぎた。

2 木の幹で擬態しているハゴロモと、その下にはヤモリが。少し甘いハゴロモのおしっこが出るのを待っていて、代わりにハゴロモはクモやハチなどの捕食者から身を守ってもらっている。

3 中南米にすむハキリアリは、葉っぱを運んで、巣の中でキノコを育てる。

4 美しい花を咲かせるカタクリの種は、アリが好む匂いを出すことで、種を遠くまで運んで育ててもらう。

世渡り術 其の二

困ったら、助け合うべし

世渡り術 其の三

好きになったら
アタックあるのみ

1 モンキチョウのメスがアプローチをかけてきたオスについて飛んでいく。

2 オス同士が美を競う、南米のチョウ、アグリアス。世界一美しいチョウといわれる。

3 マダガスカルで撮影したクモゾウの仲間の交尾。オスが長い足の下にメスを抱え込んで他のオスにメスを取られないようにしている。

4 熱帯アジアのマングローブ林にすむこのホタルは、オスもメスも夜な夜な木に集まって光る。光を明滅することでアピール、結婚相手探しをする。インドネシアのスマトラ島で撮影した幻想的な風景。

世渡り術　其の四

独りもいいけど時には群れよ！

1 僕の学生時代からの憧れのチョウ、アカエリトリバネアゲハ。温泉の湧き出るマレーシアの河原で、集団で水を飲んでいる。

2 小諸のアトリエで飼っていたミツバチの巣箱の中。白いのが幼虫で、茶色い部分は中にサナギが入っている。

3 他の巣のクロオオアリ同士のケンカ。お腹を曲げて威嚇している。

4 ユスリカの集団。群れているのはほとんどがオス。

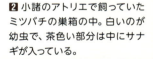

14歳の世渡り術
WORLDLY WISDOM FOR 14 YEARS OLD

昆虫たちの世渡り術

海野和男

河出書房新社

昆虫たちの世渡り術　もくじ

Stage. 1

「敵が来たら、とにかく隠《かく》れよ！」〈擬《ぎ》態《たい》〉

Stage.2

「そんなあなたも共犯者。」〈共生〉
――シジミチョウとアリの腐《くさ》れ縁 57

Stage. 3

「僕の体を食べて！」〈求愛〉

Stage. 4

「群れよ」〈集団行動〉——働きバチの人生設計

番外編

はじめに　こんな弱そうな昆虫《こんちゅう》たちが……。

僕《ぼく》は昆虫写真家です。昆虫を求めて野や山へ、ときには海外のジャングルや森を訪れます。その場所を訪れたからといって、目当ての写真が撮《と》れるとは限りません。山に分け入り、身をかがめ、ときには這《は》いつくばって周囲の環境《かんきょう》や植物を観察します。そんなとき、勘《かん》が働くのです。これはうまく言葉にはできませんが、その勘というものは、確実に存在します。めったやたらに歩いて、昆虫を探しているのではありません。ちゃんと、昆虫は僕にサインをくれているのです。もちろん、チョウが「今から通るよ」とか、葉に紛《まぎ》れているコノハムシが「ここにいるよ」と話すわけはありません。目当ての昆虫が好む植生や地形などが饒舌《じょうぜつ》に僕に話しかけてくるのです。耳を澄《す》ませば昆虫の鳴き声や、捕食する鳥の声も聞こえる。集中すると、さまざまな情報がわっと僕の頭に押し寄せる。そして、息をこらして待っていると昆虫が現れます。僕はさらに慎重《しんちょう》になって、美しい昆虫の姿を写真に収めます。いい写真が撮れたときは本当に幸せです。南米のジャングルでヘビやムカデに脅《おびや》かされ蚊《か》に刺《さ》されまくっていても、心の底から幸せに包まれます。

僕が追う昆虫の大きさはほとんどが数センチ。最大でも30センチメートルほど。最小だと数ミリメートルです。とても小さな存在です。昆虫写真の醍醐味《だいごみ》は、僕たち人間とまったく異なる別世界を覗《のぞ》けることです。カメラのファインダー越《ご》しに現れる昆虫は、僕よりずっと小さいはずなのに、ときに大迫力《はくりょく》で迫《せま》ってきます。

テントウムシがアブラムシを食べているシーンを撮影《さつえい》していたときのこと。その迫力に圧倒《あっとう》されてしまいました。数ミリのテントウムシが巨大生物に見えたのです。アブラムシを旺盛《おうせい》に食べるその獰猛《どうもう》な姿は、小さな見かけからは想像がつきません。テントウムシもサイズはおよそ8ミリメートル。僕たち人間の200分の1のサイズしかありません。テントウムシには、この世界はどのように映っているのでしょうか。もし、僕たちがテントウムシほどのサイズだったら、数十センチメートルの雑草も数十メートルの大木に相当するでしょう。小さな水たまりも昆虫にとっては湖のようなものです。彼《かれ》らはそのとてつもなく広い世界でたくましく生きている。昆虫は小さい。だけど、昆虫を知れば知るほど弱い生き物だとは思えなくなります。

かつて地球上に存在した原始的なメガネウラというトンボの仲間のサイズは約70センチメートル。当時は巨大《きょだい》な昆虫が地球上を飛び回っていたのでしょう。しかし、進化の歴史の中で昆虫は「小さく生きる」ことを選択《せんたく》しました。大きな種《しゅ》は滅《ほろ》び、小さく生きた者たちが繁栄《はんえい》したのです。それが大正解で、その結果1000万種類ともいわれる地球最大の動物グループとなりました。この世界でもっとも多様性のある、つまり環境に適応した生き物が昆虫なのです。僕はこの小さな、だけど実は最大の種である昆虫に魅《み》了《りょう》され、60年以上が経《た》とうとしています。この本では僕の見てきた視点から、昆虫の生き延びる知恵《ちえ》を紹介《しょうかい》しています。みなさんの持つ「昆虫のイメージ」が変わったり、さらに興味を持ってもらえると幸いです。僕と一緒《いっしょ》に昆虫の世界を覗いてみましょう。きっと、驚《おどろ》きの連続ですよ。

Stage. 1

「敵が来たら、とにかく隠れよ！」〈擬態〉――ナナフシの事情

WORLDLY WISDOM FOR 14 YEARS OLD

困ったら「フリ」をする虫たち

「虫のどんなところが好きなんですか?」と聞かれると、僕《ぼく》はいつも答えに迷います。美しさ、ユニークさ、たくましさ、希少性、生態……挙げればキリがありません。

だから僕は「ひとことでは言えないけれど、理由の一つは多様性です」と答えることにしています。そうすると、たいていみな「うん、なるほどね」とか、「もっともだね」と、わかったような顔で納得してくれます。

「多様性」を簡単に言うと「さまざまな性質の群がいて、変化に富んでいる」ということです。とにかく昆虫《こんちゅう》は種類が多い。現在の日本には、名前が付いている昆虫だけで約3万種、地球上には約100万種もいるんです。人間が分類できている昆虫でこの数です。未発見のものまで合わせると、軽く500～1000万種を超《こ》えるのではないかと考えられています。

僕たちヒトを含《ふく》む、哺乳類《ほにゅうるい》は何種類ぐらいいるか知っていますか? 哺乳類は約60

００種、鳥類は約９０００種といわれています。昆虫に次いで種類の多い貝類でも約11万種。昆虫の種類は桁違《けたちが》いに多い。しかも驚《おどろ》くべきことに、毎年３０００種は新種が見つかって発表されているのです。

これだけいると、どんな学者や昆虫マニアでも、すべての昆虫を見るなんて絶対に不可能です。昆虫は地球上の生物の約８割を占《し》めていると推定されています。人間中心の世界にいるとなかなか想像できないけれど、もし宇宙人がやって来たら、地球を「虫の惑星《わくせい》」だと思うことでしょう。

種類が多いということは、形、色、生態も多様になります。そんな昆虫たちが歩んできた進化の一つの形が「擬態《ぎたい》」です。ここではどうしてそんな面倒《めんどう》な真似事《まねごと》をするのか、虫たちの世界を少し覗《のぞ》いてみましょう。

擬態せざるを得ない虫たちの世界

３つ数えると、あなたはヒトから虫……たとえば、ショウリョウバッタになっているとしましょう。飛ぶときに「キチキチ……」という羽音を立てるので「キチキチバッタ」として名前を知っているかもしれません。

3、2、1……。風薫《かお》る5月のある日、あなたは土の中に産みつけられた卵から孵《かえ》り、地表に出て来た直後、最初の脱皮《だつぴ》を終えたところです。まだ翅《はね》がないので、飛ぶことができません。

どんな風景が目に入るでしょうか。

24時間365日、毎日毎秒がサバイバルです。後ろ脚《あし》で大きくジャンプして、どうにか難を逃《のが》れますが、安心して休める家（巣）もなく、周りはお腹を空かせた敵だらけなのですから。

昆虫の敵は卵や幼虫に寄生する昆虫、幼虫や成虫を食べる鳥やトカゲ、カエルなどです。この中で、昆虫同士の寄生をのぞけば、最大の敵は鳥でしょう。特に子育て中の鳥は、たくさんの昆虫を捕《つか》まえます。虫たちが少しでも油断していると、あるときいきなり、空から鳥がやって来てくちばしで頭を噛《か》みつぶされてしまいます。ああ、なんと無《む》慈悲《じひ》なことでしょう。しかし、鳥にとって昆虫は食糧《しょくりょう》以外の何者でもありません。視覚動物である鳥から身を守るには、どうすればいいでしょうか。そうです、隠《かく》れるのです。それも徹底《てってい》的に。

引き続き、バッタを例にしてみましょう。夏の終わり、草むらを歩けばバッタがあちこちから飛び出します。バッタを見てみると、周囲の草と同じような色をしています。真っ赤や金色など、派手な色のバッタはいません。周囲に溶《と》け込《こ》み、体を隠しています。バッタは俊敏《しゅんびん》な昆虫です。うまく逃《に》げだしたら草に紛《まぎ》れて見つかる可能性は低いでしょう。

正面から見るとおもしろい顔をしている
ショウリョウバッタ

擬態は成虫だけの専売特許ではなく、幼虫も擬態をしま

葉を食べるアオムシ

す。アゲハチョウの幼虫、アオムシは緑色をしています（緑色なのになぜ青かというと、大昔の日本には緑という言葉がなく、青で表現していたことの名残《なごり》です）。どうして植物と同じ色をしているかといえば、多くの昆虫は木の枝や葉の上で過ごします。だから植物に似せてしまうと、一番目立たなくなるんです。昆虫なのに植物に似せるなんて、人間から見るとずいぶん大胆《だいたん》な発想です。

幼虫時代のアオムシはあざやかな緑色をしていますが、卵から孵化《ふか》したてのころは白と黒のまだらです。これは何の擬態でしょう？　葉に止まっている幼虫を見ると、実は鳥の糞《ふん》に見えるのです。上手な擬態とは言えないけれど、たしかに目立ちにくいし、糞を食べる捕食者《ほしょく》も少ないでしょう。「なぜそうなのか」という本当のところは、虫自身に聞かなければわかりませんが、こんなふうに虫を見ていくと、自分なりの発見もあるのです。

葉の色に似せて緑色だった昆虫の中から、さらに植物によく似ているもの——葉っぱの形にそっくりなコノハムシだったり、枝に似たナナフシだったりが誕生します。

武器もなくて、まったく身を守る手段がない昆虫は、カムフラージュによって隠れることが一番なのです。

カムフラージュする擬態「隠蔽《いんぺい》型擬態」

太陽の光がたっぷり降り注ぎ、生き物たちも精力的に動き回る日中——昆虫にとって鳥が飛び回る昼間は、それはもう恐《おそ》ろしい時間帯です。とにかく鳥などの捕食者に見つかってはなりません。カムフラージュの上手な昆虫は、基本的には夜行性で夜間に活動をしますが、例外はバッタです。彼らは成虫になると強い脚を持ち、飛んで逃げる手段があるため、昼間に活動しても平気なのです。一方で、先ほどのナナフシやガはすぐに逃げることができません。昆虫は変温動物で、活動することによって体温を上げます。葉の裏や枝に止まっている休息中に敵が来ても、十分に体が温まってからでないと動けないので、飛べるようになるまでに時間がかかるのです。そういう昆虫は、ともかくひたすら昼間は隠れていて、ほとんどの鳥が寝《ね》静まった夜になって活動するのです。

ここまでで気づいた方もいるかと思いますが、昆虫は、生物界において下位に位置する生物です。生態系の食物連鎖《れんさ》を示すピラミッド型の、底辺近くを占めています。つまり昆虫を食べる生き物がたくさんいるということで、昆虫には申し訳ないのですが、捕食者に食べられるために生まれてきたんじゃないかと思うほどです。もちろん、昆虫はそんなことを思うわけありません。自分たちだって、一生懸命《けんめい》生きて子孫を残したいわけです。進化の歴史から考えると、「生きていく方法を模索《もさく》しなかった昆虫」は生き残っているはずがありません。長い歴史の中で、さまざまな生き残り作戦が試されてきた最先端《さいせんたん》が、現在の姿形というわけです。

擬態という言葉を聞いて、真っ先に思いつくのが、いまお話ししたような周囲に溶け込む色や形をした昆虫ではないでしょうか。生息場所に溶け込む色や模様が発達した擬態のことを、カムフラージュする擬態「隠蔽型擬態」と呼びます。地上を主なエサ場や活動場所にする多くの昆虫の色彩《しきさい》は、地面に溶け込んで目立ちません。さらに体に細かい模様を付けることで、砂地や小石などの多い地面に溶け込むことができます。空を飛ぶ鳥にとって、そこまでカムフラージュされてしまうと見つけることは容易ではありません。

地を這《は》う昆虫ではなく、飛び回る昆虫の場合、木の幹に止まって休息するものも多います。色や模様パターンを木の幹に近づけると目立ちません。模様だけでなく、体をできるだけ扁平《へんぺい》にすると、より見つかりにくくなるのは、影《かげ》を消すことができるからです。立体感がなくなり、周囲の環境に同化できます。

木の幹をよく見てみると、木肌《きはだ》に地衣類《ちいるい》が付いているものがあります。これは菌《きん》の仲間で、コケのような姿をしています。ツユムシの仲間やガの仲間には、地衣類の生えた木の幹にそっくりな色や模様、パターンを身につけているものがたくさんいます。触角《しょっかく》の形まで地衣類に似ているツユムシもいます。このようなツユムシの仲間は地衣類をエサにしていると思われるのもいて、生活の場がそのまま隠れる場所になっているのです。なんとも上手に擬態したものだと思います。あまりにも同化してしまっているので、雌《し》雄《ゆう》の出会いに支障はないのかと心配になりますが、ツユムシの仲間はオスが鳴いてメスを呼ぶので、仲間同士のコミュニケーションには問題はないようです。

擬態の進化を飛び越《こ》した、少々ずるい擬態もあります。コヤガやコマダラウスバカゲロウの幼虫は、地衣類のような色はしていませんが、周りの地衣類を体に付けて背景に溶け込ませていて、なんだか人間が服を着ているようです。コヤガは地衣類をエサとして食べ、コマダラウスバカゲロウはアリなどのエサが通りかかるのを忍耐《にんたい》強く待っているのです。これも一つのテクニックといえるでしょう。

木の幹に溶け込む模様を持っているキノカワカマキリは、じっと隠れていて、エサの昆虫を発見すると、捕《つか》まえて食べてしまいます。1年以上かけてゆっくり成長するコマダラウスバカゲロウは、じっと我慢《がまん》して獲物《えもの》を待つけれど、比較《ひかく》的短期間でたくさんのエサを捕《と》る必要のあるカマキリは悠長《ゆうちょう》に待ってはいられません。特に木の幹にすむカマキリはアリなどの小型の昆虫が主なエサなので、木の幹を必死に走り回ってエサを捕っています。エサとして食べる昆虫に見つかりにくい擬態というよりは、目立たない場所で暮らすことによって、鳥などの捕食者から身を隠すのが目的なのでしょう。

先ほど登場したアゲハチョウの幼虫、アオムシのように、葉を食べる昆虫に緑色のものが多いのは、葉の上にいるときに緑色なら見つかりにくいからです。中でも草食性のキリギリスの仲間は基本的に翅が大きく、翅を支える中空のすじである翅脈《しみゃく》がよく目立つ。これが実に葉脈に見えるのです。

枝かと思ったら歩いていた

擬態する昆虫というと、葉っぱにそっくりなコノハムシや、可憐《かれん》な花の姿をしたハナカマキリが有名ですが、日本の森や山にも擬態をする昆虫がたくさんいます。中でもナナフシは比較的見つけやすい、擬態観察にはオススメの昆虫です。

緑色や茶色のナナフシの仲間の多くは、枝のように細く華奢《きやしや》な体つきをしています。ほとんどは翅がなく、空を飛ぶことはありません。英語では「歩く枝」を意味する“Working stick《ウォーキング・スティック》”と呼ばれています。ナナフシは夜行性で、昼間はほとんど動きません。昼間はジッとしていて、夜になると植物の葉を食べます。じっとしているナナフシは本当に木の枝のようで、昆虫カメラマンの僕でも「あれ？ こんなところにいたんだ」と驚くことがよくあって、目が慣れていないと見つけることは難しいのです。

ナナフシは長い脚を持つものが多く、前脚は前に伸《の》ばして中脚、後ろ脚は体にぴったりとくっつけます。前脚の付け根は細くなっていて、前に伸ばしたときに、脚の付け根に頭がスッポリ格納できるようになっているのです。まるで、アニメの変身ロボットのような構造ですが、実際はロボットの方が、昆虫をモデルにして作られていることが多いのです。

こういう構造だと、どうしても付け根が弱くなってしまうので、簡単に前脚を落とす

小諸のアトリエの庭で見つけたナナフシ。ナナフシは北海道にはいないけれど、実は身近な場所にもたくさんすんでいる

ことがあるのです。マレーシアで20センチメートルほどのナナフシを見つけ、軽く触《ふ》れた瞬間《しゅんかん》、ぽろりと前脚を落とされてびっくりしました。ふと下を見ると、落ちた脚は地面で動いているんです。当然、そっちに目が行きますよね。人間もそうなのですから、鳥もついそっちに目をやるでしょう。落とした当の本人は、なにごともなかったかのようにジッと動かない。脚の付け根が細いのは、まっすぐに見せるだけではなく、危険が迫《せま》ると脚を犠牲《ぎせい》にして、命を守るという意味もあるようです。

人間を含む哺乳類は、ジッと止まっているのは非常にしんどいでしょう。10分も止まっていると、脚や腰《こし》がすぐに痛くなります。僕も昆虫写真を撮《と》るときに、ジッとしゃがんで待つことが多いのですが、座っているだけでも体の節々が痛くなります。人間は、ただ止まっているだけでも、体重を支えたりするエネルギーが必要である一方、昆虫にとって「止まる」のは、いたって簡単なことなんです。昆虫は活動しなければ、ほとんどエネルギーを消耗《しょうもう》することがありません。ですから、動く必要がないときはなるべく動かないのです。

もちろんこれは昆虫に限ったことではなく、基本的には動物でも同じで、始終動き回っているのは人間くらいなものです。動物はエサを探したり、繁殖《はんしょく》のためにメスを見つける必要があれば動きますが、その必要がなければ無駄《むだ》なエネルギーを消費しようとはしません。鳥はいつもせわしく動いていますが、動かなければエサを捕れないからです。ライオンなどの大型哺乳類を狩《か》るような生き物は、そのときは一生懸命狩るけれど、狩りに成功して空腹が満たされるとずっとゴロゴロ寝ています。動物園で「ライオンは寝てばかりで退屈《たいくつ》だ」という人がいますが、あれはライオンが満腹しているときの姿なのです。

強いものに似る「ベーツ型擬態」

隠れるのではなく、反対に「目立ってやるぜ」という戦略の擬態もあります。なぜ目立つのかというと、目立つことによって得をする昆虫がいるのです。たとえば体内に毒があったり、針を持っていたり、噛みつく力が強かったり。そういう昆虫は、「ここに僕がいますよ！」と、声高《こわだか》に宣伝したほうが生存のために有利になるわけです。だって、鳥もマズかったり、毒のある虫は食べたくありませんからね。毒そのものは微量《びりょう》である場合が多く、捕食者が食べた場合、死にはいたらず吐《は》き戻《もど》したりするケースがほとんどです。赤、黄、赤と黒、黄と黒など非常に目立つ色彩をした昆虫の中には、体内に毒成分を含むものがあります。目立つ昆虫のすべてに毒があるとは限りませんが、目立つ昆虫を見つけたら注意した方がいいでしょう。このような、目立つ色とか色の組み合わせを「警戒色《けいかいしょく》」や「警告色」と呼びます。

ベーツ型擬態は、毒や毒針を持たないのに、毒を持っている昆虫に擬態します。ハチでないのに黄と黒の縞《しま》模様を持ったり、毒がないのに派手な色彩をしているのです。まさに虎《とら》の威《い》を借りる狐《きつね》ですね。この擬態は1862年にイギリスの博物学者ヘンリー・W・ベーツがアマゾンでチョウを観察しているときに発見しました。ハチに似る擬態、体内に毒を持つホタル、ベニボタルや毒チョウなどに似る擬態、アリに似る擬態、固くて食べられないカタゾウムシに似る擬態などが知られています。警備員の制服は、警察にそっくりで、これは人間界のベーツ型擬態といえるでしょう。

毒を持つもの同士の「ミューラー型擬態」

さらに毒のあるもの同士が色、形、模様の細部にいたるまでそっくりになる現象があります。毒のあるもの同士が似るということは、捕食者に「この模様や形に近づくんじゃないよ！」と覚えてもらうためでしょう。捕食者にとっても「あ、こいつ毒を持ってるよな」と、一日でわかった方が、痛い目にあわなくてすむから好都合です。人間でも世界中の警察官や軍隊は、制服の細部はそれぞれ違《ちが》うのに基本的にはみなよく似ています。反社会的勢力の危険な人たちも万国共通で、アクセサリーやファッションの趣味《しゅみ》が似ていて、繁華《はんか》街で出くわしても「これは近づかない方がいいな」とわかるわけです。

毒を持つ昆虫たちにとっても、バラバラに毒を持つサインを出すよりも、似たような「毒虫協同組合」みたいな感じで似ていた方が、犠牲が少なくなります。19世紀のドイツの博物学者フリッツ・ミューラーは毒のあるチョウ同士が似ているのにも、意味があると考えました。これを「ミューラー型擬態」といいます。

だけど、本音を言えば、鳥などの捕食者も厳密にものを見ているかは疑問です。タイへ行ったときのことです。「毒のあるチョウ」に擬態している「毒のないチョウ」の仲間がいっぱいいいたのですが、「毒のないチョウ」同士が、どれもすごく似ていたのです。毒のあるチョウにはない黄色い模様を、毒のないチョウたちは持っていました。この程度の違いは、捕食者たちも見過ごして「これ、前に食ったアレと似てるよね……。やめとくか」って、案外、そういう程度の認識なのかもしれません。

ちなみに、毒のあるチョウの多くは、ゆっくり飛びます。つまりゆっくり飛んでいた方がよく目立つし、「あいつは、毒のあるチョウだな」と、毒チョウを食べて学習している鳥も経験からわかるでしょう。だから毒のあるチョウを擬態しているチョウは、飛び方までゆっくり。色や形だけではなく、行動まで真似るんです。

誘《さそ》い出す「ペッカム型擬態」

宮沢賢治《みやざわけんじ》の作品に『注文の多いレストラン』という小説があります。食事をしようとして猟師《りょうし》が店に入っていくと、実は反対に人間を食べようと企《たくら》む山ねこがいて、食べやすいようにあれこれ注文をつけてくる……という恐ろしい話でした。昆虫にもそんな世界があります。それが、捕食者から身を隠すためではなく、相手をおびき寄せるための「ペッカム型擬態」です。

熱帯アジアにはハナカマキリという花にそっくりなカマキリがいます。本当に見事な擬態で、うすピンク色の花に紛れてジッとしていると、どれがカマキリか見失うこともあるほどです。先ほど、葉に擬態する昆虫の話をしましたが、一般的に花に似た昆虫はそう多くはありません。それは進化の歴史の中で美しい花が咲《さ》くようになったのは、地球の歴史から見て比較的最近のことだからかもしれません。自然な状態では、ハナカマキリは花に近い場所だけでなく、葉の上にいることも多いのですが、それでも十分昆虫を引き寄せることができます。

鳥などの捕食者からは「僕は花だよ」と思わせて身を守る隠蔽擬態と、ハチやチョウには「僕は花だよ」とおびき寄せる擬態をしています。

そんなハナカマキリを紫外線《しがいせん》カメラで撮影《さつえい》すると、花の中心と同じように紫外線を吸収する部分があるのがわかります。ハナカマキリの顔は目玉が尖《とが》り、両目の間にある突《とっ》起《き》を含めて3本の角があるように見えるのですが、これがまた花の雄《お》しべとよく似ています。チョウやハチは、紫外線の領域を見ることができる種が多いため、彼《かれ》らは葉の上にいるハナカマキリを花と誤認してしまうのです。

ちなみに、鳥や爬虫類《はちゅう》の色覚も人間とは異なります。人間は光の三原則である赤・緑・青の色を合わせて色を感じる「三色型色覚」です。鳥や爬虫類は人間が見ることのできる領域の外にある紫外線も見える「四色型色覚」。色や形だけじゃなくて、トウヨウミツバチというミツバチはフェロモンを出すという説もあります。

誘い出すわけではありませんが、花に似た擬態をする昆虫に、ガの仲間のハイイロセダカモクメがいます。この幼虫は秋にヨモギの花を食べるのですが、花穂《かほ》にそっくりな模様が体にあって、花を食べた後に、花穂に止まっていると、まるで花そのものに見えるのです。

視覚以外の擬態

匂《にお》いなど視覚以外の手段を使って擬態する昆虫もいます。姿形はアリに似ていないのに、匂いで偽装《ぎそう》してアリに襲《おそ》われない昆虫や、別の種類の発光パターンを真似て、昆虫をおびき寄せて食べてしまうホタル、エサとなる昆虫のフェロモンを出して、おびき寄せるものなど、なんとも多種多様な擬態があるのです。

シャクトリムシで知られているトビモンオオエダシャクは、自分の食べている植物の匂いがするそうです。捕食者であるアリはほとんど目が見えないので、自分の匂いを消して匂いで植物の真似をすることで、アリがトビモンオオエダシャクの上を通っても気がつかないのです。葉っぱや枝に似た虫のほとんどは、動かない限り、捕まらないという策略を取っています。

他に有名なのは、北米から南米にかけているフォトリウス属のホタル。ホタルは夜、光でコミュニケーションをとるので、違う種類が混ざらないよう、種ごとに光り方が決まっています。これを逆手にとって、このホタルのメスは、よそのフォティヌス属のホタルの発光パターンを真似して光るのです。なぜだと思いますか？　別の種の光り方をすれば、騙《だま》された別の種類のオスが飛んできます。その結果、オスは捕まって食べられてしまうのです。もちろん、交尾したいときには、ちゃんと本来の光り方をして同じ種のオスを呼ぶのです。……オスのホタルにしてみたら、とんでもなく恐ろしい話です。

発想の転換《てんかん》のような擬態もあります。野生動物でも昆虫でも、たいていの捕食者は、獲物に対して致命傷《ちめいしょう》となる頭を狙《ねら》うでしょう。どこで身につけたのか、お尻《しり》が頭に見えるように偽装した昆虫がいるのです。お尻の方に顔のような模様があるため、鳥が頭だと思ってお尻側を狙うと、反対方向へ逃げることができる。頭なら噛まれてしまうと絶対に死んでしまうけれど、翅の後ろやお尻なら運がよければ助かります。チョウの場合は、前翅《ぜんし》をやられたら致命傷ですが、後ろの方を破かれても飛ぶことができます。

ギロッと睨《にら》む「目玉威嚇《いかく》」

みなさんは、山や森の中でヘビに遭遇《そうぐう》したことはあるでしょうか。僕はヘビが得意ではありません。やっぱり、すこし気味が悪い。なぜ気持ちが悪いかというと、他の動物とは異なった細長い体形、恐ろしげな目、ちょろちょろと出す舌も不気味です。虫を探していて、急に現れるといつもドキッとしてしまう。多くの人がそうでしょう。たまに「僕はヘビをなんとも思いません」っていう人がいるけど、本当かなあと思います。というのも、人がヘビを怖《こわ》がるのは本能で、ヘビを知らない子どもでも、ヘビを見るととても怖がるからです。

生き物全体から見てもヘビは嫌《きら》われ者で、特に小鳥はヘビを嫌います。ヘビはしばしば鳥の巣を襲う。それもあるのでしょうが、これもまた本能的に嫌っているように思えます。だけど、驚いたことに、そのヘビを嫌う習性を利用して身を守ろうとする昆虫がいるのです。

チョウやガの幼虫の中には、目玉模様などを持ってヘビに擬態していると思われるものがいます。目玉模様とベーツ型擬態を合わせたようなものですが、もともとチョウやガの幼虫は円筒形《えんとうけい》で細長いため、目玉模様が付けば、ある程度ヘビに似て見えることを生かしたのでしょう。中には驚かせると胸を膨《ふく》らませて、目玉模様がよく目立つようになっている幼虫もいて、ヒートアップすると頭を振《ふ》って威嚇します。たとえ小さな幼虫であっても、結構な迫力《はくりょく》があ

ホンジュラスで撮影したメダマヤママユの仲間

って、捕食者の鳥を驚かせる可能性は高いでしょう。

他にはヨナグニサンなどの大型のガの翅の先端《せんたん》にヘビの頭部の模様が現れるものがいます。ガは昼間には活動をしませんが、何かに驚くと飛び立つことがあります。けれど胴体《どうたい》の太いガは、飛ぶための筋肉を温める必要があって、翅を震《ふる》わせます。このときにヘビの模様が動くため、ある程度の効果を持つに違いないと僕は思っています。

目玉模様を持つ昆虫の中には、最後の秘密兵器として目玉模様を突然《とつぜん》見せるものもいます。中南米にいるメダマヤママユというガの仲間は、翅を閉じている休息中には枯《か》れ葉に似た色彩で目玉模様は見えません。触れたりすると、翅を広げて目玉模様を見せるのですが、これはなかなか迫力がある。写真を撮っているときに、僕もドキッとすることがあります。たいした迫力です。枯れ葉のようなガがいきなり目玉模様を出すので、ある程度の効果があるでしょう。後翅《こうし》の目立つ色彩は赤、黄色、赤と黒、黄色と黒、青と黒などで、模様としては目玉模様、さざ波模様が主です。熱帯アジアにはさざ波模様を持つ昆虫が多く、南米には目玉模様を持つ昆虫が多いように思います。

ガの一種、メダマヤママユは、小鳥が嫌う猛禽類《もうきんるい》の顔に擬態しているという説があります。よく家のベランダや畑などに、鳥の目を模した鳥よけグッズや風船があるでしょう。実際あれは一定の効果があるようです。しかし、鳥は頭がよく「ははあ、これは偽《にせ》物《もの》だな」と何度目かに見破ってしまいます。ですから一定期間グッズを置いたら、別の物に変えると効果が長続きするようです。メダママヤマユの仲間はたくさん種類があって、その目玉模様も多様なので、鳥の学習能力が追いつかず、効果が長続きするのでしょう。擬態をする昆虫も捕食者である鳥も、生きるためにお互《たが》いに切《せっ》磋《さ》琢《たく》磨《ま》しているのです。

死を模して、生き延びる「擬死《ぎし》」

色や模様などを擬態するのではなく、死を真似る「擬死」をする昆虫がいます。木の葉や幹に止まっている昆虫を撮影しようとすると、ぽろりと落ちるのです。落ちた虫は脚を縮め、草木に紛れてしまいます。いったん森の中で擬死されたら最後、下は草や枯れ葉で溢《あふ》れているので見つかりません。死を模して、生き延びるという昆虫の知恵《ちえ》なわけです。擬死した昆虫がどれくらい止まっているかというと、10秒ほどで動き出すものもいますが、だいたいは数分から数十分間、死んだ真似をしています。以前僕がブラジルのアマゾン川で見つけたガは、どのくらい動かないかを計ってみたら、なんと20時間も微動だにしませんでした。これはもう根比べですが、辛抱《しんぼう》強い奴《やつ》もいるもんです。ただこれは例外で、実際には数分も死んだふりをして気配を消しておけば、捕食者はあきらめてどこかへ行ってしまうでしょう。カムフラージュが上手な昆虫の多くは擬死します。カムフラージュに擬死という組み合わせは抜群《ばつぐん》で、一度見失うと、僕もなかなか見つけることができません。

僕がおもしろいと思う擬死は、カマキリです。ご存じのようにカマキリは敵を見つけるとカマを振り上げて威嚇ポーズをします。これが人間からすると大変滑稽《こっけい》なので、みなさんも何度か怒《おこ》らせたことがあるのではないでしょうか。

マレーシアで、木の枝そっくりなイッカクカマキリを撮影しようとしたときのこと。ちょっとポーズが悪かったので、手を出したらポロリと枝から落ちてしまいました。ふつうなら威嚇するところ、擬死もするのかと興味を持った僕は、その後何度かイッカクカマキリの擬死を再現して撮影しようとしましたが、成果は上がりません。カマキリは目がよくて、一度敵を認識したら、威嚇態勢に入るのです。ドッキリではありませんが、最初に擬死したときは不意打ちだったんでしょう。それならば、と、不意打ちを食らわせると、予想通りイッカクカマキリはぽとりと落ちました。そこで僕は擬死から蘇《よみがえ》るシーンをビデオで記録し始めました。

当時はビデオテープを使っていて、記録できる時間は30分。何も起こらないまま10分が経過し、15分、20分、25分……一向に目覚める気配がありません。まる

ゾウムシの擬死

でカマキリに手の内を読まれているようでした。いよいよテープの残りがわずか数分になったころ、カマキリの脚元に、予期せずアリがやって来ました。アリもカマキリが死んでいると思い込み、エサとして巣穴に持ち帰ろうと、カマキリの脚を噛んだのです。すると突然バッと起き上がって猛烈《もうれつ》な速度でカマキリは逃げ出していきました。

カマキリは見ていて飽《あ》きません。困るとネコが体を舐《な》めるみたいに、一生懸命に体の掃除《そうじ》をします。ネコやイヌなど、哺乳類が不安やストレスを感じたときに体を舐めたりしっぽを追いかけたりすることを、「転移行動」というのですが、そんな姿を見ていると、昆虫も哺乳類と変わらない性質もあるように思います。

僕が擬態に興味を持ったわけ

僕が擬態に興味を持ったのは、大学生のころでした。1969年3月、東京農工大学の日高敏隆《ひだかとしたか》研究室の学生だった僕は、擬態の宝庫である熱帯アジアを旅しました。21歳《さい》のときです。安い周遊券を買い、フィリピン、シンガポール、マレーシア、タイなどを

1ヶ月かけて周りました。それ以来、毎年のようにアジアのどこかの国を訪れています。

海外旅行の自由化は1964年なので、自由化されて間もないころでした。「自由化」と聞いて、若い人は驚くかもしれません。僕の若いころは、仕事や留学以外ではパスポートが発券されず、自由に海外旅行を楽しめなかったのです。今のように飛行機の本数は多くないし、固定相場制だったので、1ドルはいつでも360円。観光目的での外貨の持ち出しは、年間500ドルまで。今から考えると、情報も少ないし、インターネットも、携帯電話もない。苦労が多くて大変だったけれど、新しい昆虫に出会える旅だから、わくわくしたものでした。当時の日本はとても貧乏《びんぼう》でしたが、昆虫愛好家や写真家たちは、せっせとバイトをしてお金ができれば、海外へ出かけていました。今はこんなに外国へ行きやすいのに、昆虫写真をやる若い人で海外に出る人が少なくなっていると聞きます。ちょっと寂《さび》しいことですね。

最初に訪れたのは、フィリピンのルソン島です。バギオという島の中心的な町からバスで北部のサヤガンという場所へ行き、そこから畑の中を歩いて山に登るのです。当時の僕は気が回らなかったのですが、日本人の若者が1人で山に登るのはやはり相当怪《あや》しかったようです。山の上で、農民たちに取り囲まれて、なんと村長の家に連行されてしまいました。

「お前、日本軍の財宝を探しているのだろう？」

「違います。昆虫を探しているんです」

そう言っても、信じてもらえません。携帯《けいたい》していたアルミ製のカメラバックが怪しまれました。「宝を見つけるための金属探知器が入れてあるはずだ」と思われたのです。考えてみれば、ルソン島北部は太平洋戦争後期に、占領していた日本軍が米軍との戦いで多くの戦死者を出した場所。戦争なんて、昔の話と思っていたのですが、終戦からまだ25年程度しか経っていません。激戦地だった島の人たちには、遠い昔の話ではなかったのですね。もちろん、怪しい物なんて何も持っていませんから、幸いすぐに疑いが晴れて解放されました。そんなトラブルに出会いながらも、昆虫採集や昆虫の写真を夢中で撮っていました。


ある日、マレーシアの喫茶店《きっさてん》で冷たいジュースを飲んでいたときのことです。ふと、壁《かべ》を見ると葉っぱが飾《かざ》られていました。おや、もしかしてと壁に近づくと、葉の擬態をしたコノハムシの標本でした。図鑑《ずかん》でしか見たことがなかったコノハムシを目の前にして僕は「うわ、これが生きている姿を見たい」と興奮しました。マレーシアへは、その後毎年昆虫を探しに行きました。ある村で生きたコノハムシを持っていた少年がいたので、捕まえた場所に案内してもらうことにしました。川をさかのぼって歩くこと1時間、川はだいぶ細くなってきました。川を渡《わた》ったところにコノハムシがいる木はありました。その木はクラーという名前の木だそうです。コノハムシは、その木の葉にとてもよく似ていて、そう簡単に見つけることはできません。何本目かの木で、少年が指さすのですが、指さされても虫がいるとはわかりません。すると少年は木を軽く揺らしました。揺れが止まったとき、少年が指さす木の葉が、かすかに揺れています。コノハムシです。コノハムシは驚くと、体を揺《ゆ》する性質があったのです。

その撮影旅行を終え、大学のゼミで、動物の擬態を学術的に紹介《しょうかい》した『Adaptive Coloration in Animals』を読むことになりました。500ページもの大著でケンブリッジ大学の生物学者ヒュー・H・コットが1940年に出版した本です。僕は実際にアジアで見た昆虫たちと、その学術的な説明を読み、ますます擬態にのめり込んでいきました。

擬態している昆虫の探し方

僕は昆虫写真家ですから、他の人よりは昆虫がどこにいるか、という勘《かん》が働きます。何年も昆虫を追っていると、経験的に「あ、この場所良さそうだな」とわかるわけですが、基本的には闇雲《やみくも》に探すのではなく、昆虫の生態を知り、行動パターンを読んでいます。チョウはある目的によって、チョウの通る道というものが決まっています。まず1匹のチョウが飛んでいるのを確認できれば、そこでじっと待っているとたいていの場合、次のチョウがやって来ます。目的のチョウの生態を調べ、チョウが好む花の近くで待ち伏《ぶ》せすることもあります。花の蜜《みつ》だけではなく、チョウは水も必要とするので、水場もポイントの一つです。

しかし優れた擬態のコノハムシなどを見つけるのは、簡単ではありません。写真を撮るよりも、見つけるまでが大変です。アジアの熱帯雨林の森深く、あたりを慎重に観察しながらコノハムシを探します。コノハムシがチョウのように飛べばいいのですが、飛ばないから、エサ場である木まで行かなくてはなりません。目的の昆虫の食餌《しょくじ》がわかっていれば、まずはその木を探します。コノハムシがいれば、葉には食べた跡《あと》があるはずです。おもしろいことに、コノハムシの脇《わき》のカーブがこれまた食べ跡によく似ているんです。この念が入《い》った擬態ぶりは畏《おそ》れ入るほどです。葉に表と裏があるように、コノハムシにも表と裏（背と腹）があります。背中についた、葉脈に似た模様がある翅を下にして止まると、上から差す太陽の光に透かされて、本当に葉のようです。言葉が通じるものなら、どうやってそんなによく似てしまったのかと訊《たず》ねてみたいです。そこまでやって何の利益があるのだろうか。コノハムシはなんと答えるでしょう。ここまで葉に似せなくても、すばやく動けた方がよいのではないでしょうか。

だけど、この地球上に、そうした昆虫たちがたくさんいること自体がとても価値のあることだと僕は思います。そしてよくぞここまで似たものだという職人芸的な生き物の形態に目を見張り、そうした生き物たちを育んできた地球に驚異を感じるのです。撮影のたびに、僕はその様子に「なんてすごいんだろう」とため息をついています。

隠蔽型擬態の昆虫の多くは、夜に活動します。動いている昆虫を探すなら夜です。しかし僕たちが夜中にジャングルや森の中を行くのはリスクが高すぎるので、光に集まる昆虫の習性を利用するといいでしょう。明かりがついているロッジの周りや、翌朝外灯の下を見ると、周囲の葉っぱに昆虫が止まっています。ちなみに、なぜ昆虫が光に集まるかというと、これも暗闇を飛ぶ知恵なのです。チョウやガだってあたりが見えていないと、空を飛ぶことができません。昆虫は月や星といった空の明かりを頼りに飛んでいるわけです。空の明かりを頼りに飛ぶということは、空は常に自分の背中の上にあるわけですね。だから、電灯の周りを虫はくるくる飛ぶのです。そういう仕組みを知るにつけ、シンプルな生活を営む昆虫たちが持つ、生きる術《すべ》の奥深さに惹《ひ》かれていきました。

進化が擬態をつくり出した

擬態はすべての生き物で見られる現象ですが、これまで紹介してきたように、とりわけ昆虫に顕著《けんちょ》です。昆虫の歴史は長く、最初の昆虫が誕生してから4億年以上経っていると考えられています。1億年以上前に現存の昆虫群が成立しましたが、昆虫の種類は今ほど多くはなく、種が飛躍《ひやく》的に増えたのは比較的最近だと考えられています。恐竜が滅《ほろ》んだ6500万年前くらいから、花をつける顕花《けんか》植物が優勢になり、世界に花が増え始めます。その環境の変化によって植物と密接な関係を持つ昆虫も多く現れるようになったのです。昆虫は長い長い時間をかけて、人間の想像力をはるかに超える進化をしてきました。なぜ昆虫はこれほどまでに植物そっくりの姿となって体を隠したり、強いものの真似をして身を守ったりすることが可能なのでしょうか。その理由は、昆虫がたくさんの種分化を果てしなく繰《く》り返して進化してきたからでしょう。

進化。みなさんはこの進化という日常的に使う言葉をどのように捉《とら》えているでしょう。

あまりにも普通《ふつう》に使う言葉なのに、たまに間違《まちが》えて使っている人がいるので少し確認しておきましょう。進化とは生き物が望んでなった形ではありません。よく「象の鼻はなぜ長いのか」という問いに、「長い鼻で高い木の枝の葉を食べやすくなるため進化した」と言う人がいますが、それは間違いです。象が長い鼻になったのは、結果であって「象がなりたい」と思ってなったのではないのです。世代を重ねていくうちに、たまたま突然変異が起こり、その環境に適した生物が生き残ったに過ぎないのです。

進化が突然変異と自然淘汰《とうた》によって起こるダーウィンの考えによれば、数百万～1000万種類もの昆虫が存在するのは、無限ともいえる突然変異を繰り返し、そのときの環境に適応した種が生き残った結果です。擬態をする昆虫が熱帯雨林で多く見られるのも、熱帯では種のライフサイクルが短く、種そのものの数が多く、天敵による淘汰圧《とうたあつ》（危険が多く、淘汰される可能性）も大きいので、当然の結果です。つまり、厳しい環境の中で弱い昆虫たちは擬態を武器にして、必死に生き延びてきたのです。その無限ともいえる組み合わせの中、植物に姿形を似せて身を隠したり、毒のある昆虫の真似をして身を守ることができた昆虫が生き残ったのです。

擬態がどのようにして生じてきたかには、いろいろな議論があります。けれどいくら科学者たちが議論しても、過去にさかのぼって昆虫の歴史を実証することは不可能です。たとえそんなことができたとしても、それはあまりにも複雑すぎてはっきりとした結論はでないでしょう。どのようにしてカムフラージュが進化したかをダーウィンたちが提唱した『自然選択《せんたく》説』を元にして僕なりに考えてみます。

たとえば緑の葉の上にすむ昆虫で、緑色と茶色のものがいたとする。当然茶色のものが目立つから緑色のものの方が襲われにくい。茶色のものは淘汰されて、やがてその昆虫は緑色になる遺伝子を持ったものばかりになっていきます。もしこれで完璧《かんぺき》に捕食者の目をごまかせるとしたら、捕食者はエサがとれなくて困ってしまいます。捕食者の方も食べるという重要な命題があるので、カムフラージュを見破る目のよいものが出現してきます。すると今度は、その緑色の昆虫は緑色であるだけでは生き残れません。そこで今度は、少しだけ茶色が混ざったり、葉に似た形の昆虫が生じてきます。すると、より葉に似た昆虫の方が生き残るチャンスが多くなります。そこでまた捕食者はそれを見破る努力をする……こうしてどんどん葉に似た昆虫が生じてくるのです。

『自然選択説』だけで説明すると、すべてがより見事なカムフラージュに進化し、ただの緑色の昆虫はいなくなってしまうことになります。それでは、ただの緑色の昆虫というのはもっとカムフラージュ効果のある形に進化していく途中《とちゅう》の形態なのでしょうか。おそらくそんなことはないでしょう。実際にはただの緑色の虫だってたくさんいます。いやむしろ、その方が多く、形まで葉っぱに似ている昆虫は稀《まれ》といえるでしょう。

偶然《ぐうぜん》に、ある緑色の昆虫の中に突然変異で葉のような形の昆虫が出現したとします。もし生殖《せいしょく》能力も、運動能力も同じだとすると、その昆虫は大多数の今までの仲間と形が異なるわけですから、仲間うちでの認知に不利が生ずることになります。だから、その形が今までのタイプより捕食されにくくなるなど、生存に有利な形質でなければ、その突然変異をした昆虫は生き残れないはずです。

突然変異でできた新しい型《タイプ》が生き残るのは、その突然変異グループが以前のタイプより生存に格段に有利な場合です。そんな場合は、かなり短期間のうちに前のタイプと入れ替《か》わってしまうに違いありません。すると捕食者とその昆虫の間で競争が起こり、その昆虫の子孫はより見事なカムフラージュの方向に進化していかざるを得ないでしょう。しかし形の変化もまた徐々《じょじょ》にではなく、短期間に完成すると僕は考えています。その進化はどの昆虫にもまんべんなく起こるのではなく、むしろ生存に問題のある種に、特異的に起こるのではないでしょうか。

生物は擬態する

これまで擬態する昆虫を紹介してきましたが、そもそも生物には、真似をするという一つの癖《くせ》があるのではないかと僕は思っています。哺乳類、爬虫類、鳥類、魚類などすべての生物はなんらかの擬態をしています。

動物の例でお話ししましょう。ライオンの毛の色は黄色っぽいですよね。あれはサバンナで暮らすライオンにとって大変都合がいいのです。ライオンの暮らすサバンナの大地や草原の色が、まさにライオンの毛の色と同じだからです。百獣《ひゃくじゅう》の王と呼ばれるライオンですからサバンナには敵はいない（強《し》いて言うなら、人間や同種のライオンでしょう）。ライオンが獲物を捕まえるときに、大地に紛れる擬態は、大変役に立つのです。

その「擬態」という視線で、動物と彼らの住む環境を見てみると、多くの動物がなんらかの擬態をしていることがわかるでしょう。ぜひ、身近な動物園や水族館で動物や魚を観察してみてください。

人間はどうでしょうか。僕たち自身も擬態をしています。たとえば、着ている服はどうでしょう。わかりやすいのは自衛隊や軍隊の人たちが身に着けている迷彩《めいさい》服。カーキ色や迷彩カラーの服はジャングルなど木の多い場所では目立たなくなります。砂漠《さばく》では砂漠用迷彩服というものがありますし、雪山用の迷彩服もある。鳥や動物を撮影するカメラマンたちは、動物たちから見つからないように迷彩服を着て山に入る人も多い。つまり、迷彩服は森やジャングルの中での生きるための知恵なわけです。しかし、迷彩服を町中《なか》で着ていれば、目立ってしまいます。それに、迷彩服の人たちが町中にたくさん現れたら、一般の住民は怖いと思うでしょう。本来、迷彩服の模様は目立たない模様ですが、場所を間違えれば目立つ模様となります。

他にも、昆虫の中にはメタリックな甲虫《こうちゅう》がいます。体が光を反射して、キラキラと光るのです。普通に考えると、光ったら目立ってしまいますよね。だけど、ジャングルの葉にその虫が止まっていて、上から強烈《きょうれつ》な太陽の光が当たっていると、上空を飛ぶ鳥からは葉が反射してキラキラ輝いているように見えるのです。一見目立つような虫も、その虫が暮らす環境に身を置くと目立ちにくい場合があるのです。環境とうまくマッチングすると、擬態は有効になるのです。

猟師は山に入るときには赤系のベストを身に着けます。これは「動物と間違えて撃《う》たないでくれよ」という目立つ擬態です。反社会的勢力の人たちが派手な格好をするのも「俺《おれ》は強いぞ。近づくな」という擬態でしょうし、警備員が警察そっくりの制服を着るのも擬態です。覆面《ふくめん》パトカーはパトカーの白と黒ではなく、一般《いっぱん》車を装っています。これも擬態ですね。道路工事をしている人も、事故にあわないようにライトや反射板をつけて目立ちます。これは身の安全のためですよね。男女がお洒落《しゃれ》をし、化粧や髪型に気をかけるのも異性を引きつけるための擬態と考えてもいいでしょう。

昆虫や動物だけではなく、僕たち人間も擬態をしているのです。

真似をすることは独創的だ

　ここまで読んでいただくとおわかりかと思いますが、僕たちにとってすごいことでも、昆虫にとって「擬態」は特別なことではありません。目立ったり、花を模したりする。これらはすべて、昆虫が生き残るための有効な手段だったのです。

　世の中では真似をすることを、あまりよく言いません。「オリジナル」や「独創的」という言葉は褒《ほ》め言葉だけど、「上手に真似ているね」と言われて喜ぶ人はいないでしょう。しかし、自然を擬態する昆虫を目の当《ま》たり《あ》にすると「なんて素晴らしいんだろう」と思いますし、「どうしてそこまでやるか」と唸《うな》ります。模倣《もほう》することは独創的なのです。

　僕が日本国内で、もっとも独創的と思う擬態は枯れ葉そっくりのムラサキシャチホコです。究極の擬態といってもいいほどの完成度で、カールした落ち葉にしか見えません。まるでだまし絵のように前翅に陰影《いんえい》の模様があり、あたかも丸まっているように見える

羽化して間もないと思われるムラサキシャチホコ。背中を上にして止まっている

のです。ムラサキシャチホコは夜行性なので、昼間は葉の上に静止しています。緑色の葉の上にムラサキシャチホコが止まっていても、人間や鳥の目には丸まった落ち葉にしか見えません。むしろ目立っているのに、見事な擬態なので気がつかないのです。

擬態に効果があるということは、実験もできるし、想像もできるんですけれども、「どうしてムラサキシャチホコは芸術的ともいえるような擬態が発現できたのか？」ということを明らかにすることはできません。昔、擬態は偶然の産物であって、科学的ではないといわれた時代もありました。でも現実を見渡《みわた》せば、擬態をして生きている昆虫がいっぱいいます。それなりの効果があるからなんですね。生物学者や昆虫写真家たちが昆虫たちを発見したり、観察をしたりして、昆虫の生態や成り立ちを想像して考える。これがとてもおもしろい作業になるわけです。図鑑や標本ではなく、生きている昆虫を実際に見ると、その昆虫がすんでいる環境や生態から、いろんなことがひらめく。擬態をする昆虫たちから、僕たちは多くのことを学ぶことができます。

Stage.2

「そんなあなたも共犯者。」〈共生〉――シジミチョウとアリの腐れ縁

WORLDLY WISDOM FOR 14 YEARS OLD

昆虫と共に暮らしている

みなさんは身近な人を亡くしたことがあるでしょうか。おじいちゃん、おばあちゃんなどの家族、親戚《しんせき》や友人。共に過ごした時間が長い人が逝《い》くと、残された側の心には、ぽっかり隙間《すきま》ができます。失って、その人の存在の大きさを知るのです。そのぽっかりと空いた隙間の大きさこそが、失った人の存在感や影響力《えいきょう》なのでしょう。もちろん、逆も言えます。いま本を読んでいるあなたが急にこの世からいなくなると、家族や友人、親戚、それこそペットまで大きなショックを受けます。普段《ふだん》の暮らしでは見えませんが、僕たちの社会はそうやってつながり合っている。それと同じように、僕たち人間という存在も自然や環境《かんきょう》と深い関わり合いがあります。それは目には見えませんが、複雑に深く関わり合っているのではないかと思います。

1990年半ば、世界を不安にさせる事件が起こりました。突然《とつぜん》、養蜂家《ようほうか》たちの巣箱や畑からミツバチがいなくなってしまったんです。どこを探してもいない。まるでSF映画の冒頭《ぼうとう》での不吉な知らせのように、ミツバチが忽然《こつぜん》と姿を消してしまった。蜂群崩壊症候群《ほうぐんほうかいしょうこうぐん》（CCD）という現象です。それも1ヶ所だけではない。欧米《おうべい》、オーストラリアと被害《ひがい》は全世界的に広がっていき、日本やアジアの国々でも事例が報告されました。

その知らせを受け、世界中の化学者や生物学者たちが恐《おそ》れおののきました。というのも、ミツバチがいなくなると人類は数年で滅《ほろ》びてしまうという説があったからです。実は、僕たちはミツバチの恩恵《おんけい》をかなり受けています。果実や野菜の受粉にはミツバチは欠かせません。果樹や野菜の農家たちは、受粉を行うために交配用ミツバチを購入《こうにゅう》したり、レンタルをして畑やハウスに放っているんです。そうやって、ミツバチは花粉を運び、植物の生命を育んできました。世界の食糧《しょくりょう》供給の3分の1は昆虫による受粉で、その主役はミツバチなのです。ミツバチがこの世から消えてしまうと、果物も野菜も作ることは困難になってしまう。いや、それだけではなく、穀物や牧草や、チョコレート、コーヒー、綿花も不足する。ただちに、人類が滅びることはないにしても、今のように食糧を栽培《さいばい》することは不可能でしょう。そうなれば、食糧危機に陥《おちい》り、貧しい人には食糧が行き渡《わた》らなくなる。負の連鎖《れんさ》はテロや紛争《ふんそう》を起こし……。あちこちでミツバチがいなくなったことは、世界秩序《ちつじょ》が崩壊してしまうのではという不安を人々に抱かせるほど大きなインパクトでした。

現在、農薬説、病気・ウイルス説、遺伝子組み換え作物説、寄生虫説、複数原因説などさまざまな原因について検討・研究がされています。近年、ＣＣＤは収まってはいますが、直接的な原因は未だに不明です。このことからもわかるように、昆虫や植物と僕たちは深い関係の中で生きています。

「共生」という言葉を辞書で引くと「異種の生物が相手の足りない点を補い合いながら生活する現象」と書かれています。共生をどのように定義するかによりますが、昆虫の世界にはさまざまな形の共生があり、ここでは大きく3つに分けてみます。

・互《たが》いにメリットがあるギブアンドテイクの関係の「相利《そうり》共生」。
・片方だけが得をする「片利《へんり》共生」。

・特定の生物に栄養的に依存《いぞん》して生活する「寄生」。

昆虫に限らず、生き物は単独では生きていけません。別々に生きているように思えても、実は食物連鎖など複雑な絡《から》み合いの中にいる以上、1匹《ぴき》1種類で生きられる生き物は、この地球上にはいないのです。少なくとも僕は知りません。すべての生き物が、他種となんらかの関係を持っていると考えた方がいいでしょうね。

昆虫の共生関係を見ていくと、さまざまなバランスの上で生きていることがわかります。それは、片一方が欠けると、片一方も生活ができなくなってしまうような関係です。片一方がずいぶん得をしているようにも思う共生もあります。寄生に関しては、共生と呼んでしまっていいのかは正直いってわかりません。昆虫同士の場合、寄生するとたいてい相手を殺してしまうのです。「共に生きる」という言葉からはほど遠いですね。でも、僕たち人間がまだ気がつかないだけで、実は互いに得をし合っているのかもしれません。

植物と昆虫との共生

植物は光合成をします。太陽の光、空気中の二酸化炭素、吸い上げた水を使って、植物に必要な栄養分（でんぷんや糖分）を自生するのです。昆虫は植物を食べたり、すみかにしたり、狩《か》りの場所として利用しています。昆虫の共生といっても昆虫同士に限らず、このように植物を利用していることも多くあります。昆虫と植物との関係を見てみると、昆虫だけが得をする「片利共生」のように思えますが、多くの植物は、受粉をする際に昆虫を利用しています。植物と昆虫というのは、数億年レベルでの深い共生関係にあるわけです。

植物との共生の中でも、アリとの関係にはおもしろいパターンがいくつもあります。東南アジアでよく見られる、ウツボカズラという食虫植物があります。捕虫袋《ほちゅうぶくろ》の形が水差しに似ているから、英語で〝Pitcher plant《ピッチャー・プラント》〟と呼ばれています。ウツボカズラの捕虫袋はすべりやすく、止まった昆虫が消化液の溜《た》まった袋に落ちてしまうのです。袋の中を覗《のぞ》くと、いろんな生き物が、その中に落っこちているのがわかります。そんなに強い消化液ではないので、たいていは溺《おぼ》れて死ぬことが多いようです。僕が以前見たウツボカズラの中には、糞虫《ふんちゅう》やコオロギなどが入っていて、蚊《か》の幼虫であるボウフラが死骸《しがい》を食べていました。この、昆虫にとっては大変危険なウツボカズラにアリがすんでいるんです。そのアリはボルネオで「泳ぐアリ」と呼ばれています。泳ぐアリは消化液の中を泳いでウツボカズラが出している蜜《みつ》や、溶けきれない死骸やボウフラをエサにしているのです。一方で、泳ぐアリがウツボカズラにとって役に立っているかというと微妙《びみょう》で、僕はさほど役割は大きくないと思います。自由自在に捕虫袋の中を泳ぐアリにエサを取られてしまうけれど、ウツボカズラの場合は、それほど効率よく昆虫を溶《と》かして摂取《せっしゅ》しているわけではありません。アリが死骸をきれいに掃除《そうじ》してくれ、フンでもすれば、たしかにそっちの方がもっと栄養価が高いでしょう。絶対にいなくては困るというわけではないけれど、「まあ、いてもいいかな」というようなゆるやかな共生関係にあるのです。

植物と昆虫の関係はあまりにも密接だから、その範囲《はんい》を細かく定義していくことには、あまり意味がないかもしれません。つまり、お互いになんらかの役割を持っていて、どっちかが欠けると困ってしまうわけです。この共に支え合って生きているというベーシックな関係は、一番ハッピーな共生だと僕は考えています。

ハッピーな共生

そこで思い浮《う》かぶのが、アリとアブラムシの関係です。

どこかで見た覚えがあるかもしれませんが、植物を観察していると、アブラムシの近くに必ずと言っていいほどアリがいます。アブラムシはアリと非常にいい関係を持っています。アブラムシはアリを近くに置いておくことによって、他の昆虫から身を守ってもらうのです。言うなれば、ボディガードですね。

テントウムシの主食は、アブラムシです。テントウムシがアブラムシの近くにやってくると、アリはすぐに強い顎《あご》でテントウムシの体に嚙みつきます。アリはアブラムシの天敵であるテントウムシがやってくると、追い払《はら》うという共生関係にあるのです。硬《かた》い体を持つテントウムシもさすがにアリの攻撃《こうげき》にはかないません。お礼にアブラムシはお尻《しり》から「甘露《かんろ》」という甘い蜜を出すのです。実は甘露は、アブラムシにとっては排泄物《はいせつぶつ》なのですが、果糖やぶどう糖などの糖分が含まれていてとても甘いのです。アリが触角《しょっかく》でアブラムシの体を叩《たた》くと、お尻から甘露を出します。まるで太鼓《たいこ》を叩くように、触角でトントントンと叩く。アブラムシはこの刺激《しげき》で、甘露を出すといわれています。

植物の側からすると、アブラムシは植物の汁液《じゅうえき》を吸うわけですから招かれざる客です。本音を言うと、アリには来てもらいたいが、アブラムシはお断りしたい……ということなのかもしれません。なかなか悩《なや》ましい関係なのです。カイガラムシやアブラムシは、蜜を出してアリを呼びます。ということは、植物も自分自身で蜜を出せばいいわけです。もちろん花が咲《さ》けば蜜がありますが、花のシーズン以外もアリには来てもらいたい。

一部の植物は、アリを呼ぶように進化しました。たとえばサクラなど、植物の葉の付け根を観察すると、丸い突起《とっき》が2個ついているのがわかります。花以外の場所から蜜を出す場所を外蜜腺《がいみつせん》といいます。この蜜腺から、甘い蜜を出すのです。アブラムシのように蜜を出すことができるということは、植物がアリを飼っているようなものです。

世界には、もっと積極的にアリを利用して身を守ろうとしている植物があります。中南米のコスタリカなどに自生する、ブルホーンアカシアという木にだけすんでいるアカシアアリです。ブルホーンというのはブル（牛）のホーン（角）という意味で、茎《くき》のトゲが異常に発達して水牛の角のように見えるのです。そのアカシアにアカシアアリがすんでいて、木を揺《ゆ》すろうものなら、ワッと一斉《いっせい》に攻撃を仕掛《しか》けてくる。アカシアアリはハチのように尻に毒針を持っていて、刺《さ》されると飛び上がるほど痛いのです。僕も何度かやられましたが、めちゃくちゃ痛い。「やられた！」と大声を出してしまうほどです。人間でもこれだけ痛いのだから、昆虫や動物もいやがることでしょう。こんな攻撃をするのだから、もはやボディガードではなく傭兵《ようへい》部隊です。トゲの中は空になっていて、アリはそこにすんでいます。本来、アリは地中で暮らすので、巣穴を日夜拡張していく必要があります。ですが、このアカシアの場合は、木が生育すれば部屋の数が増えていきます。しかも、葉柄《ようへい》には小さなこぶのような蜜腺があり、そこから蜜を出します。さらに、葉の先には黄色い楕円形《だえんけい》の粒《つぶ》がついていて、アリが好むタンパク質を提供してくれます。アリは木にやってくる敵を追い払い、アカシアは成長する。アリは地面におりる必要がまったくありません。最近の研究では、どうやらこの蜜はアリにとって麻薬《まやく》なのだそうです。アカシアアリは蜜で中毒となり、一生涯《いっしょうがい》、樹上で飼われるわけです。

農業をして植物と暮らすハキリアリ

農業をするハキリアリというアリがいます。ハキリアリを知らない人にこんな話をすると「そんな童話みたいなアリがいるわけがない」と笑われてしまいますが、本当にいるのです。中南米にすむハキリアリは、多くのアリが好物であるはずの虫の死骸や蜜には目もくれません。それでは何を運んでいるかというと、彼女《かのじょ》らが集めるのは木の葉だけです。ハキリアリが木の葉を運ぶ姿はユニークで、大顎《おおあご》をハサミのように使って、自分の体の数倍もある葉を上手に切って巣穴に運びます。連なって歩くその姿はまるで葉っぱの行進です。ハキリアリはこの葉っぱを食べるのではなく、巣に持ち帰った葉を細かく噛み砕《くだ》き、キノコ栽培の肥料にします。そして、アリは育てたキノコの菌糸体《きんしたい》を食べる。ハキリアリはキノコと共生する農業昆虫なのです。人間の社会でも役割がそれぞれ分かれているように、ハキリアリたちもまた、運搬《うんぱん》するもの、道を整備するもの、農業をするものなど、それぞれの専門職に分かれます。

ハキリアリの動きは遅《おそ》い。しかし、とても根気強い昆虫です。数百メートルも離《はな》れた高さ数十メートルの木に登り、木の先端《せんたん》から葉を切ってきます。これを人間に置き換《か》えたらこれは大変なことです。数十キロを旅し、数千メートルの山を登って、自分の重さの数倍の葉を運んでいるようなものですから、僕はハキリアリの行進を見ると、本当に頭が下がるのです。

ハキリアリの女王アリが巣分かれするとき、女王はキノコの菌糸を顎の下の袋に入れて持って行きます。まるで秘伝のタレをもらってのれん分けする、料理人みたいですね。女王はキノコを栽培して、それを子どもたち（働きアリ）にあげ、コロニーを作っていく。その営みの結果が、巨大コロニーとなっていくのです。ハキリアリの巣は非常に大きく、最大直径50メートルにもおよび、そこにすむアリの数は500万匹と推定されています。もし、ハキリアリが昆虫の死体を集めるアリだったなら、エサの保管だけでも相当なスペースが必要です。こんな大きな巣を維持《いじ》することは難しかったでしょうね。畑を作り、キノコを栽培するからこそこんなに大きなコロニーを作ることができたのでしょう。キノコにしても、ハキリアリがいないと大きく育ちません。ハキリアリがキノコ栽培を始めたのが、今からなんと5000万年前。人類が農耕を始めたのが1万年前なので、ハキリアリは僕たちの大先輩《せんぱい》なのです。

疲《つか》れたらおぶってもらうハネカクシ

アリは地中に大きな巣を作ることで知られていますが、巣を持たずにいつも移動を続けるアリがいます。たとえば中南米にすむグンタイアリです。とにかくエネルギッシュで速度は時速700メートル、行軍《こうぐん》の長さは20メートルに達することもあります。アリの時速700メートルを人間のスケールに換算《かんさん》すると、時速120キロくらいになります。世界にアリは1万種類ほどいるといわれますが、その中で彼らを史上最強のアリと

ハネカクシをおぶろうとするグンタイアリ

呼ぶ人もいるほどです。たいていのアリが雑食で、植物や死んだ昆虫などを食べるのに対して、グンタイアリは主に生きた昆虫を襲《おそ》って食べる。爬虫類《はちゅうるい》や鳥類も襲う恐ろしいアリです。だから、グンタイアリは定住しないのでしょう。もし、定住してしまうとあっという間に周りのエサを狩り尽《つ》くしてしまうはずです。この恐ろしいグンタイアリとハネカクシは共生関係にあります。グンタイアリとよく似た擬態をしていて、一緒《いっしょ》に行軍もするんです。ハネカクシはアリとは違《ちが》うので、垂直な面を登ったりするのは苦手。普通《ふつう》なら「お前、なんで登れないんだ。さては、グンタイアリじゃないな？」となりそうなものですが、同じ匂《にお》いですっかり騙《だま》されているグンタイアリは気がつかない。そればかりか、ハネカクシは苦手な場所に来ると、ちょっと丸まるんです。みなさんも丸まったアリを見たことがあるかもしれません。アリは仲間が丸まると、それを他のアリがくわえて運んでくれるんです。「運んで欲しい！」ってポーズをするとグンタイアリが連れて行ってくれる。ハネカクシはグンタイアリが一時的な巣に入ったとき、その巣穴から獲物《えもの》を盗《ぬす》み出します。それにしても、こんなに恐ろしいアリの群れに入り込《こ》むなんて、いくら共生といっても恐ろしいですね。

植物のボディガードをするアリ

幸せなギブアンドテイクの関係を結んでいるアリと植物の例を、もう一つ紹介《しょうかい》しましょう。中南米にセクロピアという「アリ植物」として知られている木があります。かつてはアリノスノキと呼ばれていた木ですが、アリが共生しているのです。葉は哺乳類《ほにゅうるい》が好んで食べ、ナマケモノの好物だそうです。セクロピアの仲間の木を揺すると、アステ

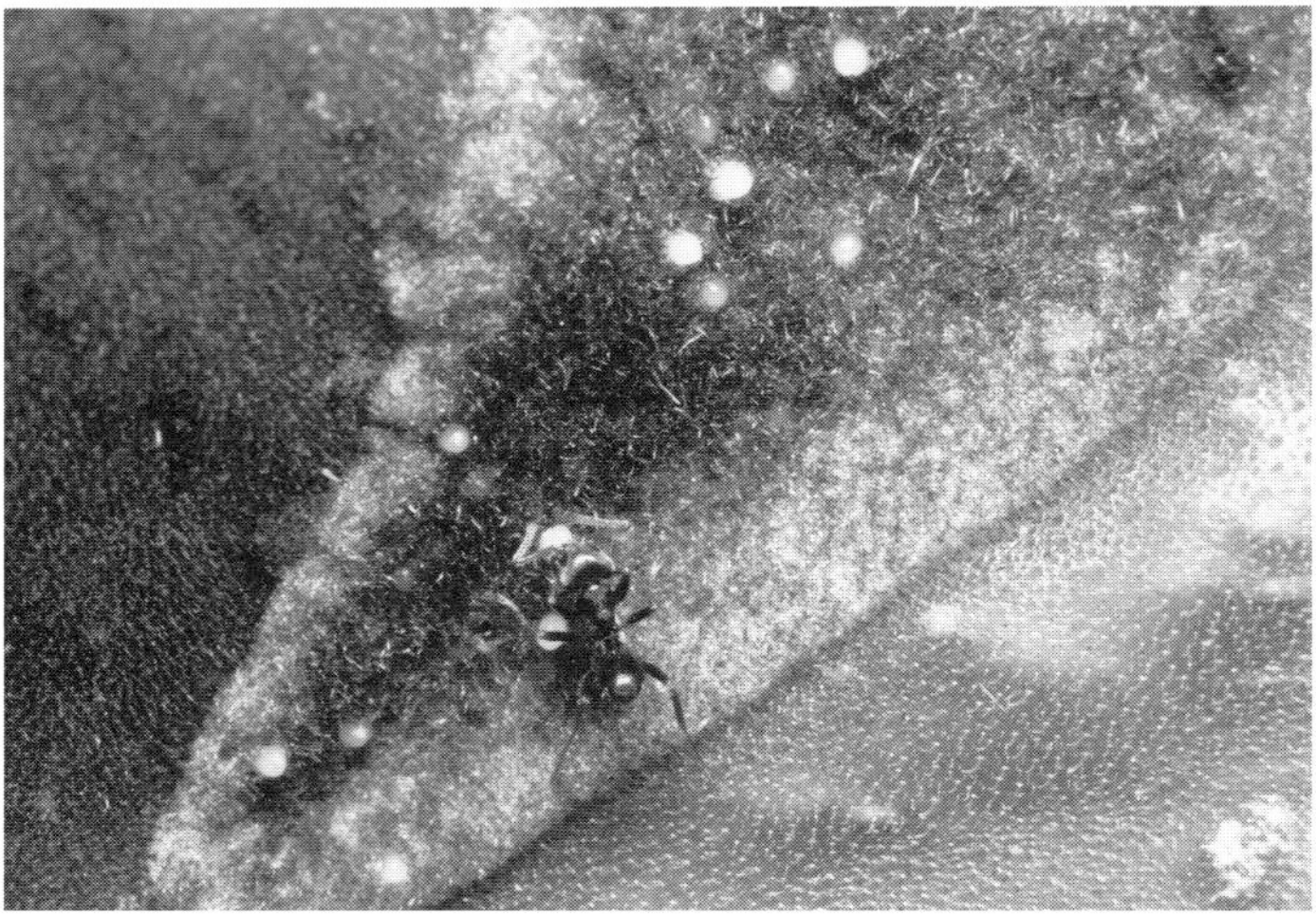

シリアゲアリの一種が、栄養のある粒を植物から集めている。熱帯には植物がアリにエサを与えて、守ってもらうアリ植物がたくさん知られている

カアリが木の穴から一斉に出てきます。エサはセクロピアが用意してくれます。空洞《くうどう》になった幹の中にはグリコーゲンの粒が詰《つ》まっていて、それをアリが食べるのです。セクロピアがアステカアリに栄養を提供する代わり、アリはセクロピアを食べる昆虫を退治する。食事付きの宿ですから、アリも居心地がいいでしょう。アリはセクロピアで「ボディガード」として生涯を過ごします。アステカアリがすんでいる木は、非常に葉っぱがきれいなんですけれど、アリがすんでいない木は、葉がけっこう食われている。だから、見つけると

きは葉のきれいなセクロピアを揺すればいいんです。どうして、植物がアリを飼う仕組みを始めたのかはわかりませんが、想像するに、植物が花の蜜を作る前から、植物の中には昆虫の好むエサを用意する植物があったのでしょう。植物側の進化が行き着くところまで行くと、エサと家を与《あた》えてしまおうというふうになった。初めは偶然《ぐうぜん》でしょうが、それがお互いにとって都合がいい。なかなか幸せな共生関係といえるでしょう。

シジミチョウとアリの奇妙《きみょう》な関係

今度は昆虫同士、チョウとアリの共生関係をお話ししましょう。シジミチョウというのは、非常にたくさんいるチョウで、日本のチョウの3分の1ぐらいがシジミチョウの仲間です。小さくてすごくかわいらしいチョウですが、シジミチョウの多くはアリと関係を持っています。ムラサキシジミなどの幼虫は背中の分泌《ぶんぴつ》器官から蜜を出します。アリはこの蜜が大好きなようで、幼虫にはいつも数匹のアリがまとわりついているのです。

アサマシジミやミヤマシジミの幼虫は、お腹からチョロチョロと触手《しょくしゅ》みたいなものを

シジミチョウの仲間と思われる幼虫とアリ。下の円内は幼虫の触手の拡大写真

出します。おそらくはアリが好む匂いがそこから出ているのでしょう。やはり、アリはその触手から離れません。これもまた、アリにとって気持ちよくなる麻薬のようなものかもしれないですね。

ムモンアカシジミの近くには、いつもクロクサアリの仲間がいますが、やはりこのムモンアカシジミも蜜を出しません。そもそも、クロクサアリは、ものすごく蜜が好きなアリで、カイガラムシやカメムシなどの蜜を出す昆虫の周りにまとわりつく。きっと、ムモンアカシジミもまたアリを警備員とし

クロオオアリに蜜をあげるクロシジミの幼虫

て使っているのでしょうね。栄養価のない「匂い」という麻薬をあげています。

子育てをアリにさせるシジミチョウがいます。クロシジミのメスはクロオオアリのいるあたりを観察し、その付近のアブラムシのいる植物に止まります。そのアブラムシの近くにアリが来ているのを確認すると、そのあたりに卵を産みます。孵化《ふか》した幼虫は、植物ではなくアブラムシを食べてしまうのです。幼虫が大きくなると、アリは幼虫を巣の中に運んでいきます。アリがクロシジミの体に触れると、背中から蜜を出します。アリはその蜜を夢中になって舐《な》めます。クロシジミの幼虫は、お腹がすくとアリからエサをもらう。蜜を与える代わりに、育ててもらっているのです。まあ、クロシジミも蜜を与えるから、ギブアンドテイクですが、得る利益はシジミチョウの幼虫の方が大きいのです。アリは昆虫が巣穴に進入すると、大勢で戦って追い出します。ですから、羽化するまでの11ヶ月もの間、幼虫は敵やエサの心配をすることもなく、悠々自適《ゆうゆうじてき》に過ごせるのです。なぜ、こんなことが可能なんでしょう。

アリはほとんど目が見えません。普段は地中にすんでいるので、視覚は必要ないんです。まったく見えないわけではないけれど、明るいとか暗い程度しかわかりません。形はほとんど見えていないでしょう。アリの世界で仲間をどうやって見分けるかというと、それは匂いです。アリはときに数十万匹にもなる大きなコロニーを作ります。仕事を分担しコロニーを成り立たせるため、さまざまな匂いを使ってコミュニケーションを取ります。アリは社会性昆虫なので、部族間対決みたいなものがあって、仲間意識がものすごく強いんです。巣にも匂いがあるし、仲間とわかる匂いも身にまとっている。その匂いをかぎわけて「仲間だな」「お前、敵だな！」と区別します。最近の研究によると、クロシジミの幼虫は、オスアリの匂いを身につけているそうです。なぜオスの匂いかというと、オスアリというのは、働かなくていいんです。ある一定期間を過ぎたら巣から追い出されるものの、オスなのでフラフラしていてもいいわけです。だから、オスアリの匂いをさせていると、巣の中でゴロゴロして働いていなくても、他のアリに怒られない。人間でもいるでしょう。なんにもしないで女性に食わしてもらう男が。ある種のヒモみたいな感じかもしれないですね。アリはアリで、時折ちょろっと出してくれる蜜がうれしかったりする。サナギになっても大事にしてもらえますが、問題は成虫になった瞬間《しゅんかん》。

「だれだよ、お前！」

アリは一斉に「侵入者《しんにゅうしゃ》」に襲いかかります。クロシジミは這々《ほうほう》の体《てい》で巣穴から逃げ出し、空に羽ばたいていくのです。そんな生い立ちと知ると、なかなか興味がわきますよね。アリのインフラを最大限利用し、フリーライド（ただ乗り）しています。知恵と言ってしまえばそれまでだけど、シジミチョウとアリの関係を見ていると、実にうまくやってるなあと思う。だけど、騙されてはいても、アリは共生しているつもりかもしれません。蜜という「快楽」を少しもらっているわけだから。……しかしそもそも、その栄養素はアリがせっせとエサを与えてくれたから。非常にずる賢《がしこ》い戦略ですね。

もっとずる賢いゴマシジミ

しかし、ゴマシジミと比較《ひかく》すると、クロシジミはまだかわいい方かもしれません。ゴマシジミは完全にアリに寄生しています。ゴマシジミの幼虫はクロシジミと同じように、巣の中に連れていってもらいます。クシケアリの巣穴です。やはり、同じようにゴマシジミの幼虫は蜜腺から蜜を出します。ここまでは、クロシジミと同じです。だけど、ゴマシジミの幼虫はある時期が来ると、クロオオアリのサナギや幼虫を食べてしまうんです。共生だけではない、片一方が徹底《てってい》的に相手を利用しまくる寄生も、昆虫の世界にはあるんですね。

「いやあ、昆虫の世界は恐ろしいな」と思う人がいるかもしれないけれど、人間の世界にも人の善意を利用して、どんどん図に乗って相手を搾取《さくしゅ》しまくるというような話はあります。DV（ドメスティックバイオレンス、家庭内暴力）や、他人が人の家に上がり込んでその家族を支配していくというような事件もありました。もちろん、健全な人間には理解できない感覚なんだけれど、そういう摩訶《まか》不思議な関係の事件は少なくはありません。誤解を恐れずに言うと、支配されているうちに、その異常事態が普通になってしまうということがあるんです。それまでの価値観というのが、どこか遠くへ行ってしまって、おかしなことを受け入れてしまう。そうなると、もうその異常な世界から脱却《だっきゃく》できなくなる。そんな状況を受け入れてしまえる、麻痺のような感覚、ある種の能力が生物の遺伝子の中にあるのかもしれません。だから、なにごとにつけ、なるべく依存しない方がいいでしょう。

僕はこういう人間や昆虫の恐ろしい関係も含《ふく》めて、さまざまな生態を知ってもらいたい。そして、みなさんには社会でうまくやっていくためには、家族や友だち、仲間同士でほどよいギブアンドテイクの関係を築いていって欲しいと思います。

琥珀《こはく》の中の関係

アメリカ・シカゴにあるフィールド自然史博物館に、有名なティラノサウルスの全身骨格があります。全長は13メートル近い、これまで発見された中でもっとも大きいティラノサウルスの骨格です。発見したスーザン・ヘンドリクソンさんにちなんでスーの愛《あい》称《しょう》で親しまれています。このスーの発見者であるスーザンさんから琥珀に閉じ込められたツノゼミを借りて撮影させてもらったことがあります。琥珀とは植物樹脂《じゅし》が化石化したもので、時折、当時の昆虫が閉じ込められています。映画『ジュラシックパーク』の冒頭にも登場しましたね。ツノゼミは幼虫、成虫を問わずに周りにアリがつきまとう。体から蜜を出すので、蜜を目当てにアリがついて回るのです。

琥珀は美しい。なぜ美しいかというと、数万〜数千万年前の時間がそこに閉じ込められているからです。まさにタイムカプセルなんです。撮影《さつえい》の後、スーザンさんが僕に琥珀の中に入ったツノゼミの幼虫とアリ（ドミニカ産）を譲《ゆず》ってくれました。甘い蜜を欲

アリが威嚇する姿に擬態したアリカツギツノゼミ

しさに、あるいはツノゼミを守るために、アリは最後までツノゼミから離れずに、ついにはしたたり落ちる樹液の中に閉じ込められてしまったのでしょう。あらためて琥珀の中を覗いて驚《おどろ》きました。数千万年前にもかかわらず、今とほとんど変わらぬツノゼミの姿なのです。

　ツノゼミというくらいだから、この昆虫の仲間の多くは奇怪《きかい》な突起物を持っています。さまざまなツノの種類が観察されているけれど、あれほど親密な関係のアリが寄ってこないツノゼミがいます。そのツノゼミの中の一つがアリカツギツノゼミです。これは背中に1匹、アリを背負っているような擬態をしているんです。それでそのツノゼミにはアリが寄ってこないんです。アリはツノゼミに始終、蜜をねだります。ツノゼミの蜜は植物から吸って出すので、やはり体力を消耗《しょうもう》するはずです。あんまりアリにねだられて、アリを嫌《いや》がったんでしょう。自分にアリに似たものをくっつけておけば、他の虫から襲われることもありません。

アリスアブもまた、アリに子どもを育ててもらいます。アリの巣の入り口近くに卵を産むのです。孵化すると、ウミガメの子が海へ帰るように、アリの巣の中へ入っていく。そして、アリの幼虫を食べて育つという恐ろしいアブなのです。だけど、実はアリの巣をあばくと、アリとすんでいるいろんな生き物がいるんですよ。アリを食べているものもいるし、アリの食べカスを食べているものもいます。いろんな生き方があるのです。

ギブアンドテイクで行こう

カイガラムシの仲間にアリノタカラという昆虫がいて、なんとミツバアリが飼育しています。アリノタカラは巣の中で植物の根から栄養たっぷりの汁を吸います。そして、アリノタカラは栄養分を含んだ尿《にょう》を排泄すると、ミツバアリはそれを飲み栄養源としま す。なんとも変わった関係です。新女王アリは巣立つとき、アリノタカラを1匹くわえて飛び立ちます。そして新しい巣穴でアリノタカラを育てます。このアリノタカラとミツバアリは両方ともが欠かせない存在になる。だけど考えてみると、その生き物の分布範囲を広げていくにはとても不利な関係ですよね。共生がとことんまで進みすぎて、あまりにも親密な状況《じょうきょう》に陥っていると言えないでしょうか。アリノタカラとミツバアリは進化の袋小路《ふくろこうじ》に入り込んでしまった生き物かもしれない。

自分と相手がいて、その中で互いが助け支え合うというギブアンドテイクの関係は、生き物の中での基本的な関係のような気がします。つまり何かを与えられたら、それに何か応えたいと。人間として生きる僕は、この考えが共生することの一番重要な意味だと思います。

今は環境という概念《がいねん》が生まれ、生物や植物との関係が大切だということを多くの人が理解しています。数十年前までは、みんな平気で山や川にゴミを捨てていました。だけど、もうそんな人はほとんどいません。自然を汚《よご》すと、そのツケは自分や孫世代に返ってくるとわかってきたのです。反対に、生態系を守っていけば、僕たちは恩恵を受けることができます。人間は自然から分断されて生きてはいけない。昆虫の共生にはさまざまなパターンがありましたが、人間も同様に自然と共生している。僕たちが吸う空気も、植物が二酸化炭素を吸って作り出したものです。その植物にとって、大切なのは昆虫との関係です。植物がなければ、僕たちは空気を吸えない。それを考えると、人間は昆虫と密接に共生していると考えてもいいでしょう。一見、共生関係なんかないように見えても、共生関係はいろんなところで密接につながり合っています。

人間はいろんな生き物を利用して生きています。そういった意味では、「片利共生」しているんです。だからこそ、いろんな生き物がいないと人間は生きていけないと自覚した方がいいでしょう。かつては勝手にすべてのものを、すべて人間のものだと思っていた時代もありました。でももうそんな時代は過ぎ去りました。21世紀にふさわしい考え方ではありませんよね。

僕たちが「そんなものいらないよ」と思っている生き物も、その生き物がいることによって、なにか他の生き物が生きている場合もあります。そのつながりは、僕たちの想像が及《およ》ばない場合もあるし、まだまだわかっていないことは多いのです。そういう関係に想像を働かせると、この世には、どんな生き物も「いらないや」なんて言えません。僕たちにとって地球上の生き物の世界というのは、なくてはならないものです。僕たち人間は、すべてとなにかしら共生関係にあると考えたほうがいいんじゃないかなと思います。

だけど果たして、昆虫側は人間をどう思っているのでしょうか。

Stage.3

「僕の体を食べて!」〈求愛〉——ハラビロカマキリの胸の内

WORLDLY WISDOM
FOR 14 YEARS OLD

昆虫《こんちゅう》の恋愛観《れんあいかん》

僕《ぼく》は日々昆虫を眺《なが》めているせいか、自分の中の恋愛観は、オクテだった若いころと比べて少し変化しました。昆虫のオスが、もう否《いや》が応《おう》でもメスのところに行っちゃうという気持ちが、とてもよくわかるようになったのです。

人間だって、だれかを好きになる気持ちは、抑《おさ》えつけることができるものではありません。お腹《なか》がすいたらご飯を食べたいと思うように、夜になったら眠《ねむ》くなるように、自然なことです。

素直に「あなたのことが好きですよ」と伝えられればいいのですが、現在の人間社会にはいろんな思いやしがらみがあって、これが難しい。

「僕のことはタイプじゃないかもしれない」

「断られたらどうしよう、気まずいよな」

なんて、いろんなことを先回りして、考えてしまいます（僕に恋愛相談をする人は、

1匹のメスを追うモンシロチョウのオスたち

めったにいませんが……）。ああでもない、こうでもないと脳内シミュレーションをして、堂々巡《めぐ》りをしてしまう。世の中で占《うらな》いというジャンルが、ずっと人気なのは、こういった気持ちを整理したり、だれかにトン、と背中を押《お》してもらいたいからかもしれませんね。

そんな、悩《なや》み多き人間と比べ昆虫の世界の恋愛観はいたってシンプルです。いえ、恋愛観なんてない。そこにあるのは「子孫を残す」という本能だけ。その目的に向かって全精力を注いでいるのです。そこにはロマンチックの要素は1パーセントもない、弱肉強食の恋のサバイバルなんです。

どのようにして性は誕生したか

地球が誕生したのは、今から46億年ほど前。生物が誕生したのはそれから約6億年後と考えられています。最初は単細胞《たんさいぼう》の生命体でしたが、進化を繰《く》り返して、細菌《さいきん》、植物、魚、爬虫類《はちゅうるい》、鳥、哺乳類《ほにゅうるい》などが誕生しました。枝分かれの一番先端《せんたん》にいるのが、現在の地球上の生物というわけです。カブトムシも人間も、セイタカアワダチソウもシロナガスクジラもみんな、進化の最先端に立っています。そして、目には見えませんが、進化は現在進行形です。

僕たちが単細胞生物だったころ、「性」というものは実は存在していませんでした。性が生まれる前はただ、細胞が分裂《ぶんれつ》するだけだったのですが、多細胞生物となり、進化の過程で原始的な生物となり、雌雄《しゆう》という性が生まれ、互いのDNAを混ぜ合うことに成功しました。単細胞だけでいる世界よりも、多細胞になると遺伝子の交換《こうかん》がより広く効率的に行われるので進化しやすい。性の誕生は生命の進化を大躍進《やくしん》させました。

昆虫を観察していると、メスは卵を産むための機械みたいなもので、オスは精子を提供するものという非常にシンプルな生き物であることがわかります。オスはメスを探すことに一生懸命《けんめい》で、メスは卵を産むことに一生懸命。日々、生存競争を繰り返している。それが昆虫の世界なんですね。

だけど、突《つ》き詰《つ》めて考えると人間もそうは違《ちが》わない。こういう言い方をすると身もふたもないけれど、生命である以上、根っこは同じなんだと思います。僕たち人間は、現在にいたる進化の過程で文化や社会を形成し、社会のルールや、約束事が生まれました。だから、同意がなければ次のステップには行きませんし、だれかれかまわず関係を持って子どもを産むこともありません。理性が本能を抑えるのです。互《たが》いに尊重し合って生きているわけですよね。だけど、人間という生き物の本来の目的は何かと問われたとき、素敵な異性を獲得《かくとく》して、優秀《ゆうしゅう》で強い遺伝子を残すという答えは外せません。もちろん、いろんな考えや、環境《かんきょう》があるからそれが絶対だとは言えません。けれど、生命というのは、そうやって遺伝子を残し、進化してきたのだと思います。

昆虫はオスとメスの役割がまるで違う

最近、日本では男性が家事をすることは当たり前です。向き不向きはあるにしても、男性が料理や掃除《そうじ》をするのは特別なことではありません。だけど僕の子どものころは、そんなふうではありませんでした。男は外で稼《かせ》ぎ、女は子育てや家事をする……。その役割を疑う人はほとんどいなかったように思います。だけど、今メディアで政治家や著名人が「男は稼ぎ、女は家を守れ」なんて言ったら、大炎上《えんじょう》するでしょう。わずか数十年で世の中は大きく変わったわけです。

昆虫はどうかというと、オスメスの役割なんて、大昔から何も変わっていません。オスはメスを探すことに全精力を傾《かたむ》け、メスは卵を産みます。昆虫はオスとメスの役割が異なっているので、その違いは姿形だけではなく、行動にも現れます。強いとか弱いとか、それ以前にまずは同じ種同士で出会わなくてはなりません。友だちが紹介《しょうかい》してくれたり、親が見合いをさせるなんて、絶対にないわけです。自力で出会うしかない。ですから出会うためのシステムがとても重要で、昆虫はいろいろと策略をめぐらせます。たとえば縄張《なわば》りを持っていて、近くにメスが現れたら脇目《わきめ》も振らず飛んでいくとか、エサ場に来るメスを見つけたら、猛烈《もうれつ》にアタックします。人間も繁華街《はんかがい》でかわいい女の子に声をかけるナンパをしたり、合コンに行って相手を探したりしますが、同じようなことを昆虫はシンプルに、強烈《きょうれつ》にやっています。人間はそこで男同士の殴《なぐ》り合いの喧嘩《けんか》なんてしないけど、昆虫はオス同士の熾烈《しれつ》な戦いが繰り広げられるわけです。……昆虫は大変です。

カブトムシのオスとメスを見分けられない人はいませんよね。オスはたくましい角を持ち、メスには角がありません。なぜ角があるかというと、それは、オス同士が戦うからです。オス同士で喧嘩するために発達した、言うなれば武器です。戦って、勝利した強いオスはメスと交尾《こうび》をするチャンスが高くなる。メスも強いオスを選んだ方が、結果的に強い遺伝子を残すことができる。カブトムシのような甲虫《こうちゅう》は、サナギから孵《かえ》ったときにその体の大きさは決まっています。土の養分が豊かで、温度などの育成環境がよい場所で育った幼虫がたくましく育つ。じゃあ、カブトムシはより強く、たくましい子孫だけが生き延びるのかというと、実はそうでもないんです。たとえば、角の小さな、あるいは体の小さなカブトムシがいるとします。彼らは大きなカブトムシと喧嘩をしてもかないっこない。そこで、大きなオスのいない時間帯を狙《ねら》ってエサ場に行ったりします。ほかに、オスにいじめられないようにメスのふりをして存在感を消し、大きなオス同士が喧嘩を始めたら、サッとメスに近づいて交尾をしてしまうのです。そういう繁殖《はんしょく》戦略をとるものを「小さくてこそこそと行動する（スニーキング）」ことから、スニーカーと呼びます。弱い者も子孫を残すチャンスがある。スニーカーという一見姑息《こそく》な行動も、カブトムシが種として生き残るためには必要な戦略なのでしょうね。なんでも強く大きいだけが、取り柄《え》ではないんです。

アタックの方法はいろいろ

人は好きな人ができると、デートで映画やコンサートに誘《さそ》ったり、プレゼントを贈《おく》ったり、食事をしたりといろんなアプローチをします。僕の若いころはラブレターなんてものをああでもない、こうでもないと頭を悩ませて書く人が多かったですね。ポストに投函《とうかん》した後に、猛烈に後悔《こうかい》したりね……。今ではメールやＬＩＮＥで送るのでしょうか。道具の移り変わりはあるとはいえ、好意を伝えるという行動に変わりはありません。部屋でじっとしていては何も始まらないのですから。みなさんも好きな人に思いを伝えたことはあると思いますが、これは昆虫も同じです。彼《かれ》らのアピールのしかたをいくつかに分けるとすると、

・プレゼントをする
・鳴く、呼ぶ
・光る
・相手を追いかける
・匂《にお》いを出す

などがあります。

チョウなどは、ひたすら相手を追いかけています。これまで観察してきた印象としては、「追いかける」方法をとる昆虫は、とても多いように思います。だけど、相手が同種であるか、最終的な確認をするためには、「匂い」が非常に重要になってきます。擬《ぎ》態《たい》の章でお話ししたように、違う種でも見た目はそっくり、ということがあるため、純《じゅん》粋《すい》な子孫を残すためには、違う種と間違えてはならないのです。ガのメスの場合は、特定の匂いであるフェロモンを出してオスを呼びます。ガは夜に活動するので、暗闇《くらやみ》の中でオスがメスを見つけるのは大変なわけです。そうなると、メス側も手がかりを与《あた》えたい。視覚がダメなら嗅覚《きゅうかく》というわけで、匂いを出した方が効率よくオスを集められます。夜、活動する昆虫は、匂いや音、光を使うものが多いですね。一方、昼間に活動する虫で言うと、トンボやチョウはひたすら相手を探して、相手の来そうなところで待ち伏《ぶ》せする作戦派。ですのでトンボはメスが卵を産みに来る池や川などに必ずテリトリーを張っています。

昆虫を観察する際、おもしろいのはこの求愛行動です。彼らの一番重要な、一生のクライマックスですから、求愛行動は見ていて飽《あ》きることがありません。

僕たちが嫌《きら》うゴキブリも、求愛するときに触覚《しょっかく》をぶつけ合って、オスかメスかを確かめます（これを「フェンシング」と呼びます）。そこで匂いを出すのです。求愛の際、ゴキブリのオスは翅《はね》を立てて、翅の付け根から分泌《ぶんぴつ》される液をメスが舐《な》めている間に交尾を済ませるのです。ある意味、ゴキブリのアタック法もプレゼント型に近いですね。

アタックその1：プレゼント大作戦

クリスマスやバレンタインデーが近づくと、世の中がなんだかソワソワしてきます。日本人は、あまり感情を前面に出すのが得意ではないなんていわれますが、このシーズンを観察していると、日本人も恋愛に対して、なかなか積極的だなと思います。それに相手のことを考えて、チョコやプレゼントをあげるというのは、なかなかいい戦略ですよね。そんな人間たちと同じように、豪華《ごうか》なプレゼントを渡《わた》す昆虫がいます。

ヤマトシリアゲはオスがメスにプレゼントする虫として知られています。頭部が長く前に伸《の》び、オスは名前の由来通りお尻《しり》を巻き上げています。数十年前に雑誌でプレゼン

ヤマトシリアゲのオスとメス

トを渡す虫がいると知り、ずっとその瞬間《しゅんかん》を見てみたいものだと思っていたのですが、10年ほど前、長野県の小諸《こもろ》にある仕事場付近で見つけました。初めに見たのはオスだけでした。しばらくの間、オスが獲物《えもの》を持って翅を上げたり下げたりしていたら、どこからかメスがやってきて、同じように翅を上げたり下げたりする。さらに近づくとお互い背を向けて、またこの行動をするのでした。やがてメスはエサに近づき、それを食べ始めると、オスはメスと交尾したんです。シリアゲムシのプレゼント大作戦が成功した瞬間でした。

べつにシリアゲムシのメスはプレゼントをねだっているわけではありません。でも、メスがエサを食べているときじゃないと、近づけないのです。なぜならシリアゲムシは肉食だから、同種のオスだって食べられかねないんです。肉食系女子との命がけの交尾……怖《こわ》いですね。

すべては子孫を残すために

日本は一夫一妻制です。世界の多くの国や地域もそうですね。昔は、歌舞伎《かぶき》役者や大物俳優や政治家といった人たちは、お妾《めかけ》さんと呼ばれる人がいたりして、それは暗黙《あんもく》の了解《りょうかい》だったのですが、今そんなことがバレると大変な騒動《そうどう》になります。さらに、よそに好きな人ができても同時に結婚《けっこん》できるのはひとりだけなので、法の目をかいくぐると重《じゅう》婚罪《こんざい》という罪に問われてしまいます。一夫一妻制というのは世界のメジャーな婚姻《こんいん》制度ですが、共通のルールではありません。世界にはひとりの男性と複数の女性とで婚姻関係を結ぶことのできる制度があります。イスラームの国やアフリカの一部の国では一夫多妻制です。反対に、女性が複数の男性と婚姻関係を結ぶ仕組みもあります。ブータンやチベットの一部の人たちは一妻多夫制という婚姻システムをとっています。婚姻制度は、時代や環境、社会の仕組みで変わります。厳しい環境のところでは、経済的に恵まれた人が一夫多妻制の仕組みを使えば、より多く安全に人口を増やすことができるのです。夫が留守がちな放牧民の暮らしでは、一妻多夫制をとった方が安全に子孫を残すと考えたのでしょう。昆虫も人間と同じで、それぞれが子孫を残すためどんな仕組みがいいのかを選択《せんたく》してきました。

仲のよい夫婦を表す「おしどり夫婦」という言葉がありますけれど、鳥類はわりと一夫一妻制をとるものが多い。ペンギンはつがいで卵を温め続けるし、夫婦になったアホウドリは別々に旅をしても、産卵のシーズンになると再会します。

哺乳類の場合は、ある一定期間は一緒《いっしょ》に過ごすものもいるけれども、たいてい一夫一妻じゃない。虫は子育てをするとき、巣作りだけ一緒にするとか、そういう関係はあるけれど、一夫一妻でずっと暮らすという昆虫はいません。基本的にはオスは交尾するだけ。メスは卵を産みますが、卵は基本的には産みっぱなしです。

子育て上手・モンシデムシの恐《おそ》るべき離乳食《りにゅうしょく》

初夏の季節、森を歩いていると小動物の新鮮《しんせん》な死骸が落ちていることがあります。気持ち悪いと思わないで、よく観察するとさまざまな昆虫が集まっていることがわかります。その中でひときわ奇妙《きみょう》でおもしろい行動をするのが、ヨツボシモンシデムシです。北海道から屋久島《やくしま》までの林でよく見られる15ミリメートルほどの大きさの美しい甲虫です。モンシデムシのつがいは、モグラやヒミズといった小動物の死骸があると、下の土を掘《ほ》って周りに掻《か》き出し、丸ごと地中に埋《う》めてしまいます。その作業は実に手早く、数時間で獲物の姿が見えなくなってしまうのです。あとには小さなモグラ塚《づか》のように、ほんの少しさらさらした土が盛り上がっているだけです。山で見かける小動物の死骸はほとんどが死んで間もないものですが、モンシデムシがいなかったらあちこちひからびた死骸が転がっているのかもしれません。モンシデムシは森の掃除屋さんです。

いったいこの後どうするのかというと、土の中でモンシデムシは、いそいそと動物の

ヨツボシモンシデムシは子育て用のエサが
準備できてから卵を産む

皮をはいで肉を丸め、肉団子（！）を作るのです。そして準備が整うと、モンシデムシは周囲の土の中に卵を産みつけます。やがて幼虫が孵化《ふか》すると、親虫はチイチイと音を出し、幼虫を呼びます。母虫は集まってきた幼虫に、吐《は》き戻《もど》したエサ（先ほどの肉団子）を口移しで与えて、大きくなるまで育てます。こういう虫はごく稀《まれ》なケースなのです。

僕たちは集団で生活しているハチやアリを見かける機会が多いので、昆虫は子育てをするようなイメージを抱《いだ》きます。だけどこれらの「社会性昆虫」と呼ばれる昆虫たち以外は、子どもを育てる昆虫は少数派です。

けれど一定期間、卵や幼虫を守る昆虫はいます。タガメやコオイムシは水の中にいるカメムシの仲間ですが、オスが卵の世話をする変わった昆虫です。タガメのオスはメスが産んだ卵が孵《かえ》るまで卵に覆《おお》い被《かぶ》さるようにして世話をします。コオイムシは卵を背負っているのでこの名前がありますが、実は卵を背負っているのはメスではなくオスなのです。交尾したあと、メスがオスの背中に卵を産みつけるのです。オスは水面から卵を出したりして、孵化するまで面倒《めんどう》を見るのです。

同じような例ですが、もっとすごいのがコブハサミムシ。コブハサミムシは早春に石の下で子育てをします。子育てといっても、卵が孵るまでお母さんが見守るだけです。おでもカビがはえないように卵を舐めたり並べ替《か》えたり、かいがいしく世話をします。お母さんは卵を守っている間は何も食べず、1ヶ月ぐらいじっとしていると赤ちゃんが生まれます。かわいいですね。

けれど美談はここまで。お母さんはもうくたくた。寿命《じゅみょう》も近づいていたのです。最後はなんと、子どもたちに食べられてその一生を終えるのです。赤ちゃん誕生のときはまだ生きています。生きながら子どもたちに自らの体を差し出すのです。まったく抵抗《ていこう》し

卵の世話をするコブハサミムシの母親（上）は
生きたまま子に食べられていく（下）

ないで食べられてしまうのを見ていると、どうにも悲しくなります。赤ちゃんの最初の食事が母親というわけですから。どうせ死んでしまうなら子どもたちの栄養になればという、こんな愛情豊かな昆虫の世界があるのです。

オトシブミが葉っぱという安全な容器を用意して中に卵を産むように、生まれてくる子どものためにエサを用意するというシステムはけっこうあります。チョウだって産みっぱなしのように見えますが、ちゃんと幼虫の食べる植物を見分けて卵を産むのですから、私たちとは違う子育ての苦労があるのです。生まれながらにして1匹で生きていくように進化してきたのが昆虫ですね。基本的には1匹で生きていく。昆虫はたくましいのです。

オスなんていらない？

昆虫は基本的に全部シングルマザーです。交尾に関してはオスの役割は重要なのですが、それが行き着くところまでくると、やがてオスはいらなくなるかもしれません。SFの話のように聞こえるかもしれませんが、擬態の章でお話ししたコノハムシはちゃんとオスもいて、交尾をすることはあるものの、交尾をしなくても、メスだけで卵を産み、孵すことができます。オスがいらないコノハムシは、ゆくゆくはオスがいなくてもいいようになるかもしれませんね。

人間もいつか、男はいらなくなるのでしょうか。僕はいくら進化したとしても、メスだけで増えることはないと思います。だけど、体の進化ではなく医学がそれを可能にするかもしれません。倫理《りんり》的に良いか悪いかは別として、細胞《さいぼう》から培養《ばいよう》し、クローンを作るということは技術的には可能になるのでしょう。最近では「草食系男子」というような言葉があるように、男が女性と付き合うことを面倒くさいとか、結婚しなくてもかまわないとかいった風潮があるようです。経済力があり、保育所などの社会のインフラがさらに進んでいけば、精子バンクで提供さえ受ければ、パートナーがいなくても女性ひとりで出産して育てることはできるのですから。

せっかく雌雄に分かれたのに、メスだけの世界にまた戻っていく可能性もあります。イギリスの進化生物学者であるリチャード・ドーキンスは、僕たち人間は遺伝子の乗り物であるという「利己的遺伝子」という考え方を発表しました。もし、そうだとしたら「もう進化をする必要がない」と、その生命の中にある遺伝子が考えたのでしょうか。それはそれでおもしろい。けれど、男である僕の気持ちは複雑です。

子孫を残すためなら、食べられてもかまわない

昆虫には、交尾が終わった瞬間にオスをむしゃむしゃ食べてしまうものがいます。カマキリが有名ですね。カマキリは他の昆虫を食べる肉食の昆虫で、交尾しようと近づい

交尾中にオスを齧り始めたメスのカマキリ

たオスが食べられてしまうこともあります。「性的共食い」の習性です。メスの方が大きく体格がよいので、オスにとって結婚は命がけのようです。

ハラビロカマキリは交尾しようと近づいたオスが、ほとんどが食べられてしまうという話もあります。オオカマキリでときどき頭のないオスがメスと交尾しているのを見ることがあります。以前、オオカマキリの交尾を撮影しようと、別々に飼育していたオスとメスをベランダに放してみました。しばらく睨《にら》み合っていたのですが、突然《とつぜん》、オスは正面からメスに飛びかかりました。その瞬間、メスの鎌《かま》が振り下ろされ、哀《あわ》れ

コカマキリの交尾中にもう1匹のオスが取りついてきた

なオスはメスに捕《と》らえられてしまいました。しかし頭を齧《かじ》られながらもオスは必死で交尾を試みます。そしてなんと交尾に成功したのです。これには僕もびっくりしました。昆虫の場合、頭を食べられても体の各部を制御《せいぎょ》する神経節が生きていれば、交尾は可能なんですね。オスは死んでメスと生まれてくる卵の栄養分となったのです。

擬態の章でもお話ししましたが、フォトリウス属のホタルは、エサにするために違う種のメスのフリをしてオスのホタルを誘い込みます。別のフォティヌス属の、未交尾のメスの光り方を擬態するわけです。メスにしてみたら、交尾が済んでしまえばオスはもう「必要ない」わけです。肉食の昆虫の場合には、それがうんと前面に出てしまう。僕たちからすると、残忍《ざんにん》に思えますが、彼らの世界ではそれは「普通のこと」なんですね。

絶滅《ぜつめつ》につながる近親交配

自然界は広いので、近親交配は起きにくいものの、個体数が減少すると血縁《けつえん》的に近いもの同士が交尾をし、結果的にその種は奇形《きけい》や小さいものが生まれてしまいます。特に人工飼育をしていると、近親交配が起こりやすいといわれています。そのため、チョウ園や昆虫園などでは、ときどき新しい野外のオスを入れなければなりません。自宅でのカブトムシの飼育でも、これと同様のことが起こります。外から新しいオスを入れる必要がありますが、長く飼いたい場合、交尾をした後はオスとメスは分けて飼う方がいいでしょう。一度交尾をしたら、もうメスは交尾しなくていいのに、オスは一生懸命交尾しようとします。メスの産卵も邪魔《じゃま》するし、オスの体力も落ちてしまいます。オスは満足せずに、メスに対してずっと執着《しゅうちゃく》をしてしまうのです。

数のバランスも重要です。1匹のメスのところに2匹のオスが来たら、必ず激しい喧嘩が起こります。カブトムシは話し合いなんてしないですからね。ここだけの話、残酷《ざんこく》なようですが、少数のメスに多数のオスという組み合わせで飼うのは、男女の縮図を見ているようで非常におもしろいのです。

昆虫たちの交尾

トンボはとても歴史の古い昆虫で、交尾のやり方も他の昆虫と異なっています。オスの胸に副交尾器というものがあって、オスはまず自分の精子を副交尾器に入れます。そして、オスがメスの首ねっこをお尻のあたりで摑《つか》み、メスの腹端《ふくたん》の交尾器を合わせます。その結果、ハート型の素敵な形になるのです。これ、かなり古いタイプの交尾なんですよね。そもそも、昆虫の繁殖はどこかに自分の精子を置いて、それをメスに拾ってもらうところから始まっています。それでは効率が悪いので、魚のように卵に精子をかける

アオハダトンボの交尾。オスがメスを誘うときに、青い翅を見せびらかす。トンボは強引な交尾が多いが、アオハダトンボはオスメスの駆け引きがおもしろい

ようになり、最終的に結合するタイプに進化してきたのです。

それよりすごいのは、交尾の際、もしメスが自分より前に別のオスと交尾していた場合、なんと、前の精子を掻き出して、自分の精子を入れるのです……最低でしょう。僕も嫌《いや》になるくらいひどいことをするなと思います。でも、トンボは自分の遺伝子を残したい。地球上で一番長く生きている昆虫の種であるトンボは3億年間、基本的な姿を変えずに生き延びてきました。その理由は、自分以外の精子を掻き出すというひどいシステムのおかげでしょう。ともかく、メスを多く

獲得できた優秀なオスの精子が残るのです。たくましい。だけど、そこまでしなくてもいいのにな……と、人間である僕はつい思うんです。

視覚動物であるチョウ

チョウ好きに「どのチョウが美しいか?」と訊《たず》ねたら、南米に生息するアグリアスというチョウの名前が挙がるでしょう。アグリアスは本当に美しいチョウで、同じ種類なのにさまざまなパターンがあります。なぜ、これほど美しいのか。その理由の一つにメスの気を引くということもありますが、もう純粋に「きれいになりたい」と思っているに違いありません。チョウの場合、視覚動物ですので、僕たちが共有できる感覚があります。柄《がら》や模様が固定しないということは、どの型のアグリアスでも交尾の確率は変わらないということです。それなのに、オス同士は美を競うのです。アグリアスは伊達《だて》男だらけなんです。

遺伝子がほとんど一緒でも、僕たち人間とチンパンジーは交配しても絶対に子どもは生まれません。それに、いくらチンパンジーが人間によく似ているとはいえ、人とチンパンジーを間違える人はいません。しかし、チョウの場合、種が違っていても、とてもよく似ているチョウがいます。よく間違えないなと感心していたのですが、観察していると本当は結構《けっこう》、間違えてるんです。気がつかないで違うチョウを追っかけたりしています。間違いを回避《かいひ》するためだと考えられるのですが、ゼフィルスと呼ばれるミドリシジミの仲間は、似ているチョウと活動時間が少しずつずれたりしています。バッティングしないで済むシステムをとっているなど、工夫をしています。

普通《ふつう》はチョウのメスは交尾の経験がない場合、オスが来たら絶対拒否《きょひ》しません。ところが、スジグロシロチョウは必ず「いやだ」と拒否をします。翅を開いて、交尾拒否の姿勢をとるんです。拒否されたオスは、一生懸命に羽ばたいて、メスに対して匂いを送ります。そこで匂いで確かめて大丈夫《だいじょうぶ》、となると交尾をするわけです。これも異種間の交配を避《さ》けるためです。モンシロチョウはスジグロシロチョウも追っかけたりしますから、無駄《むだ》な交尾が起こらないように抑制《よくせい》しているのです。

チョウは比較的視力のよい昆虫です。オオムラサキというチョウは、木の上に自分のテリトリーを張っていて、メスが来るのを待っているわけです。そこにふらふらとオスが飛んでくると「おい、出て行け」とばかりに追いかける。テリトリーを張っているのはすべてオスで、目的はメスの待ち伏せなんです。木の上から見ていて、近くに来たやつをともかく追いかけるので、実はメスでないこともありますし、天敵である鳥が飛んできても反応してしまいます。リスクは高いのですが、チョウの飛び方は直線的ではなく、ふわふわと独特な動きのために、鳥にとってはなかなか捕《つか》まえにくい存在なのです。チョウを撮影する際、木の上でテリトリーを張っているチョウは見えないので、空間に向かってポンと石を投げると、チョウが飛び出すことがあります。石にすら反応するのですから、メスにかける情熱たるや、すごいものです。

アタックその2：俺《おれ》の唄《うた》を聞いてくれ

鳴いてメスを呼ぶ昆虫もたくさんいます。鳴き声に惹《ひ》かれてメスがやってきて、そこで交尾するということです。オスがメスを見つけるというのではなく、メスに見つけてもらう戦略ですね。鳴いていればいいんですから、オスも楽でしょう。

鳴く虫の代表は、夏の風物詩、セミです。実はセミが鳴くと、メスに限らず、オスも惹かれて飛んできます。なぜだと思いますか？　セミがたくさんいるということは、生息しやすい環境であるということです。そこにたくさんのセミが集まり、交尾もしやすくなるのです。そうなると、オス同士が競い鳴きをするのです。

東京の都心だと、セミのすめるところは、森林のように無尽蔵《むじんぞう》にあるわけではありません。ある程度限られているので、とてもたくさんの数が集まるわけです。たまに、木からものすごいセミの鳴き声が聞こえてくるでしょう。あれは、競い鳴きをしてメスが寄ってくるのを待っている、男たちの唄なのです。

『ファーブル昆虫記』の中で、セミが鳴いている木の側《そば》で大砲《たいほう》を撃《う》ったけれど、セミが鳴き止まなかったのでセミは聴覚《ちょうかく》が無いという話がありました。セミだけでなく、鳴く虫の場合には、自分の相手の周波数だけが聞けるようになっているものが多いのです。何でも聞こえるわけではなく、耳のシステムが、自分の種類の鳴き声に特化していて、それで間違えないで、ちゃんと音の主のところに導かれ、交尾ができるようになっています。

耳年齢《ねんれい》がわかるモスキート音というものがあります。高い周波数の場合、加齢《かれい》すると聞こえなくなるんです。携帯《けいたい》電話の呼び出し音には高周波数のものがあり、親には聞こえないというものもあるそうです。聞いたことがないので、どんな音かは知りませんが、鳴く虫の中には、僕には聞こえない声で鳴く虫がいっぱいいます。ツユムシやウマオイなど周波数が高いキリギリスの仲間の声は、僕にはもう聞こえません。

夏が過ぎ、秋が近づくと、夜には虫たちが鳴き始めます。コオロギやキリギリスの仲間がひときわ大きな声で鳴きます。声と言いましたが、もちろん人間のようにのどを震動させるのではありません。コオロギやキリギリスは、前翅《ぜんし》をこすり合わせて音を出します。腹部と翅の間に空間ができ、その空間で音を共鳴させて大きくしているのです。バイオリンやギターなどの弦楽器《げんがっき》が、共鳴のための空間を持っているのと同じ原理です。もちろん、鳴くのはすべてオスです。

彼らは夜に活動します。草むらで視界が悪いので、音でメスに居場所を知らせます。

無事にメスに見つけてもらいカップルとなったセミ

そもそも、なぜ鳴くようになったのかはわかっていません。音を出すということは、それだけ天敵に見つかりやすい。昆虫採集のときにも、鳴き声を目安に探し出します。しかし、卵を産むという重要な役割を持つメスは静かに隠《かく》れ、オスに呼ばれたらそこに行くという方法の方が、種全体としてはいい戦略なのでしょう。風流な秋の虫ですが、これまた命をかけて歌っているんですね。

ただ、例外もいます。マレーシアにすんでいるアシナガオオコノハギスのメスは、手のひらぐらいの大きさがある大きなキリギリスで、発音器官を持っていて大きな音を出します。これはオスを呼ぶためではなく、人や動物が触《さわ》ると、大声で鳴くんです。普段《ふだん》は鳴きません。オスもやはり触ると大声を出します。だれかを呼ぶというのではなく、威嚇《いかく》のために鳴くのでしょう。たしかに、急に鳴くと驚《おどろ》いて捕食者《ほしょくしゃ》は逃《に》げ出してしまうかもしれませんね。

昆虫たちの求愛表現に愛はあるのか

この章では、昆虫たちのさまざまな求愛を見てきました。昆虫のオスはさまざまな方法でメスを呼びますが、これは愛情表現なのでしょうか。たしかに愛らしい昆虫もいます。そういう姿を見ると、つい擬人化《ぎじん》して人間の気持ちを重ねがちですが、昆虫好きの僕が、いくらひいき目に見ても、昆虫の世界にはひとかけらの愛もありません。そこにあるのは、オスがメスを見つけ、交尾をして子孫を残す、ただそれだけです。ほとんどの虫の鳴き声は相手を誘う声ですし、トンボやチョウのオスはテリトリーに入ってきたものなら、だれかれかまわずアタックするのです。

僕は昆虫には人間的な「無私の愛」はないと思います。すべて、子孫を残すためだけの求愛以外はないと思います。しかし、「愛情とは何か」と訊ねられたら答えは違ってくるでしょう。僕はオスがメスに対して「交尾をしたい、したい」と延々迫《せま》り続けるのは、これが昆虫の世界での愛情表現だと思っています。

それに比べると、人間の世界はやっぱり複雑です。たとえば「この子と仲良くなりたい」という願望があっても、好きだからこそ手が出せなくなるという場合があります。反対に、人によっては「だれとでも恋をしたい」という欲望を抱くこともあります。もちろん、そんな本能的欲求では人間は動きませんが、そのプリミティブ（原始的）な欲望のある人間は、どこかで昆虫に近い部分が残っているのかな、なんて思ったりしています。

僕たち人間の奥《おく》の方には、同じような本能があります。もちろん、もはや僕たちはそんな過去の本能を表に出すことはありません。人間は社会をつくる上で、周囲とうまく生きていくためにルールを作って生きてきました。だからこそ、これほど繁栄《はんえい》したわけです。僕たちの社会は、昆虫の世界とはまるっきり違います。ハチやアリのように、生まれたままのカーストから逃《のが》れられないこともありません。カマキリやホタルのように、いきなりメスに食い殺されることもありません。恋愛以外の楽しみもたくさんあります。

僕たちの人生は80～100年くらいでしょう。若い人からすると80歳《さい》や100歳ははるか先に思えるかもしれませんが、長い生命の歴史から見るとつかの間です。その間に、僕たちは生存し、パートナーを探し、子を作り、育てます。一方で、昆虫の寿命は人間に比べ短い。蚊《か》は2ヶ月、カブトムシは1年、セミは地中にいる期間は長いけれど、地上に出てきたら数週間。その短い期間に、必死で相手を見つけ、交尾をして、死んでいく。もう、必死なのです。

もし、告白することを悩んでいる人がいたら、昆虫の必死さを観察して欲しいです。そう、当たって砕《くだ》けろの精神なんです。その様子を滑稽《こっけい》と笑う人がいるかもしれません。だけど、僕はその姿に深い感動を覚えます。

黒澤明《くろさわあきら》監督の映画に『生きる』という作品があります。末期の胃がんの主人公が短い残りの人生を必死に生きる物語です。劇中、胃がんの主人公が「命短し恋せよ乙女《おとめ》」と歌うシーンがある。残酷でありながら切なくも美しい。そう、人生はあっという間です。しかも、輝《かがや》かしい青春時代なんてほんの一瞬《いっしゅん》です。みなさん、恋をしたら昆虫のことを思い出してください。勇気を持ってアタックするのです。ダメだったら、また次の人を探したらよいではありませんか。

Stage.4

「群れよ」
〈集団行動〉――
働きバチの人生設計

WORLDLY WISDOM
FOR 14 YEARS OLD

群れながら〝個〟でいたい人間

学校や塾《じゅく》の帰り道、友だちとばったり会って、夜のコンビニ前でつい長話……。という経験はだれにでもあるでしょう。大人だって同じです。公園でお母さんがたの立ち話、お父さんは赤提灯《ちょうちん》に引かれ、居酒屋ではしご酒。やらなきゃいけない用事は別にあるし、誘《さそ》いに乗って流されているかな、なんて思わなくもないけれど「最近付き合い悪いよ」とも言われたくない。不安を打ち明けて相談にのってもらったり、上司へのグチを言い合って、仲間内の結束を高める。案外役に立っている場合もあれば、なんにもなっていないかもしれない。だけど、ストレス発散になっているのは間違《まちが》いないから、それで十分なのかもしれませんね。

僕《ぼく》も昆虫が好きですから、カメラマンの同業者、昆虫愛好家、昆虫学者、編集者たちと飲むことはあります。昆虫写真家の道を歩み出して以来、そういう場所での時間をどれほど過ごしてきたでしょう……使った金額を考えると、家は軽く建つでしょうね。

「もったいない！　だったら、カメラのレンズでも買えばいいのに」と思われるかもしれませんが、後悔《こうかい》はしていません。この時間は得がたい大変貴重な時間です。なにより、同じ志の人たちと想いを分かち合い、新しい情報を交換《こうかん》できる。もし、相手が僕の見たことのない昆虫を採集したり、決定的瞬間《しゅんかん》をカメラに収めていたらライバル心にも火がつきます。人と集まって、食事をするのも楽しい。太古の昔、人類は幾度《いくど》となく集団で火を囲んで食事をしたでしょう。一時《いちどき》に食事をした方が合理的だし、肉食動物たちから身を守ることができる。僕たち人類が誕生したころは、とても弱い存在だったのです。僕たちが、仲間や家族と食事をとるとおいしく感じたり、安心できたりするのは、そのときの記憶《きおく》が残っているのかもしれません。

一方で、人生の孤独《こどく》の淵《ふち》は、親兄弟でも夫婦でも本当の意味で共有はできません。骨折の痛みは共有できないし、いくら長年連れ添《そ》ったパートナーが死に至る病になっても、代わってあげることはできない。人間はひとりで生きて、ひとりで死ぬ。僕の人生も、あなたの人生もだれとも代替《だいたい》がきかない。これは間違いないことです。人間はほかの生き物と比べ、子どもを大切に育てます。産みっぱなしが多い昆虫と比較《ひかく》すると、なんと大切にすることでしょうか。哺乳類《ほにゅうるい》の中でもダントツです。だって、大学まで行かせると20年以上扶養《ふよう》しているわけですからね……。

親はある時期まで、子どもの面倒《めんどう》をみます。衣食住を用意し、学費も親が払《はら》ってくれるでしょう。だけど、この関係は一生続くものではありません。どこかの時点で人生はひとりで切り開いていかねばならない。もし、あなたが親になってもそれは変わらない。あなたは先に死に、子どもは残る。不安ですよね。だから、その子がたくましく社会で生きていけるよう、育てるのです。もしくは子どもたちが安心して暮らせる社会をつくる。人類はそんなことを繰《く》り返してきたんですね。

僕は「ひとりで生きている」と言いましたが、それはある意味では正解で、別の角度から見ると正しくはありません。僕たちはだれかがつくった社会インフラの中で生活をしています。電気もガスも水道もだれかがつくり、供給してくれています。道路も服もコンピューターもだれかがつくってくれました。けがをしたり、病気になれば病院で治《ち》療《りょう》をしてくれるでしょう。子育てと仕事を両立するために保育所があります。年をとってお金を稼《かせ》げなくなったら、一応、社会保障という形で国がサポートしてくれることになっています。人間は本質的にひとりではあるけれど、社会は個人を包摂《ほうせつ》している。人間は、個でありながら群れて生きる生き物なのです。

「群れ」は昆虫界では異例のスタイル

昆虫の中にも、僕たちと同じように「社会」を持つものがいます。その代表的なものが、ミツバチとアリでしょう。集団で暮らし、その中に女王や働きバチといった異なる身分の階層があり、同じメスでも子を産むのは女王だけに限られる、といった点が大きな特徴《とくちょう》です。「社会性昆虫」と呼ばれ、スズメバチ、アシナガバチ、ミツバチの仲間、アリやシロアリがその代表格です。

テレビでサバンナに生きるシマウマの集団や、川を渡《わた》るヌーの大群、越冬《えっとう》のために海を渡る鳥たちの群れを見たことがあると思います。哺乳類をはじめとした脊椎《せきつい》動物の多くは、外敵から身を守ったり、エサを確保したりするために家族や一定の集団で行動し

百日草の花から蜜を集めるミツバチ（働きバチ）

ます。しかし昆虫は基本、個人行動です。産卵した後、孵化《ふか》した子の面倒を親がみることもほとんどありません。そんな中で、ハチやアリたちは大人になっても親子が一緒《いっしょ》に暮らし、集団を作る。仲間と共にしか生きられない、依存《いぞん》し合う関係です。

身近な例として、ミツバチを見てみましょう。一つの巣の中は、春先の繁殖期《はんしょくき》（4～6月ごろ）には原則として1匹《ぴき》の女王バチと数百～数千匹ほどのオスバチ、数千～数万匹の働きバチで構成されています。同じ巣に暮らすミツバチたちは、みな血がつながっていて、それぞれの役割が分担されている大家族と言ってもいいでしょう。驚《おどろ》くべきことに、一番見かけることの多い、いわゆる「働きバチ」ですが、実はすべてメスです。彼女《かのじょ》たちの主な仕事は巣の掃除《そうじ》、育児（幼虫の世話）とエサの確保ですが、経験値によって何をやるかが振《ふ》り分けられているといわれています。

合理的に生きるミツバチたち

種を存続するためには欠かせない大仕事「繁殖・子育て」についても、社会性昆虫は集団で取り組みます。繁殖期である春、女王バチは10～20匹のオスと交尾《こうび》をします。女王バチの寿命《じゅみょう》は2、3年といわれていますが、羽化後すぐの時期にしか交尾しないため、コロニーを形成するのに十分な精子をこの1回の交尾の際にオスからもらい、貯蔵しておきます。そして、その精子を用いて1日に1000～2000個もの卵を産み続けるのです。

一方、働きバチたちはその間に何をしているかというと、巣の中で女王バチが産卵し子育てをするための台座をせっせと作っています。ミツバチの場合、赤ちゃんを産むのは女王だけで、他のメスは卵を産めません（女王バチは、働きバチたちの産卵能力を抑《おさ》える特殊《とくしゅ》なフェロモンを分泌《ぶんぴつ》しているといわれています）。女王バチも働きバチも、生まれたときに両者の違《ちが》いはありませんが、台座に産み落とされた幼虫だけがたっぷりとローヤルゼリーを与《あた》えられて、女王バチへと育つのです。生まれた環境《かんきょう》と食事によって、その後の人生が決まるなんておとぎ話のようですが、非常にシビアな世界でもあります。

オスは交尾のために、繁殖期の間にだけ生まれてきます。というのも、女王バチはオスとメスの産み分けができるからです。生まれたオスは働きもせずブラブラしていて、2ヶ月ほどの生涯《しょうがい》のうちで与えられた仕事は交尾だけ。気楽そうにも見えますが、1匹の女王バチをめぐるオスたちの戦いの勝者になったとしても、空中で無事に交尾を終えた後、オスバチはそのまま地面に墜落《ついらく》して死んでしまうのです。もし元の巣に帰っても追い出されてしまいます。厳しいですね。

メスバチもオスバチも、産卵から3日ほどで卵から幼虫になります。ミツバチのメスは、最初のうちは身内の世話など、巣の中の仕事をします。少し時間が経《た》つと、外へ飛んで行って、蜜《みつ》や花粉を集めるようになります。

ミツバチはエサを見つけると、仲間を呼びに来て、そのエサがどのあたりにあるのかを8の字ダンスでエサのありかを伝えるのです。翅《はね》の震動《しんどう》や、回転によって距離《きょり》や方角が伝わり、そのダンスが仲間に伝達されて、仲間たちとエサを取りに行きます。これによって非常に統制のとれた方法で、効率よくエサを集めています。普通《ふつう》だと、自分か子育てのためにエサを取ってくるのですが、ミツバチの場合には、まず貯蔵して、みんなに分配します。階級社会ではありますが、実はものすごく平等な社会という面もあるんですね。

これまで見てきたように、社会性昆虫はたとえるなら、群れ全体で一つの個体のようなものです。生き延びる術《すべ》としては、とても強いと思いますし、実際に成功しているといえるでしょう。「社会性昆虫のデメリットは何か？」と聞かれても答えに詰《つ》まるほど、彼《かれ》らは進化しています。僕自身は階級社会や自由がない状態に少しアレルギーがあるのですが、社会性昆虫が非常に合理的な生き方をしているのは間違いありません。そもそも、地球に誕生した当時、昆虫は分業なんてしないで、好き勝手に暮らしていたはずです。その昆虫たちがアリやハチのように分業し始めたのは、そう昔のことではないのではないかと思います。

女王バチの決闘《けっとう》

どの生き物の世界でも、社会を安定して成り立たせるにはルールが必要です。ミツバチの場合、女王バチは一つの群れに1匹が原則。それが崩《くず》れたとき、社会は変わらざるを得なくなります。

ミツバチは一つの巣に2匹以上の女王は暮らせないことになっていて、新しい女王が誕生すると、古い女王は半分ほどの働きバチを連れて外に出ていってしまいます。これを「分蜂《ぶんぽう》」というのですが、新しい女王が偶然《ぐうぜん》生まれるのではなく、古い女王は意図的にそうするようです。群れの規模が大きくなると、新しい女王を作り、分蜂すれば、全体として個体数を増やすことができます。また、新女王の誕生は1匹だけではなく、数匹の女王候補が生まれてしまうことがあります。そのときは、新女王同士が殺し合いをして、勝ったものが、巣に残るわけです。自ら望んで女王に生まれたわけではありませんが、王座を守るのも命がけです。

ミツバチの場合、決闘となれば相手に噛《か》みつくか、針で刺《さ》して攻撃《こうげき》します。昆虫の中で同種で殺し合うものは、極めて少ないと思います。前章でお話ししたように、肉食の昆虫は交尾の際、つい食べちゃうということはあるけれど、基本的に昆虫の戦いは、「どっちが強いか」を決めるための戦いであって、相手を殺すための戦いではありません。そもそも昆虫に限らず、殺し合いをする動物自体が非常に少ない（エサやメスを奪《うば》い合ったり、力比べ的に喧嘩《けんか》はするけれど）。その中で、人間は同種で殺し合いをする。そんなところも、ヒトとハチは少し似ているんですね。

分蜂の瞬間、巣がザワザワします。巣を離《はな》れるハチは巣の近くの木の枝に集合して、蜂球《ほうきゅう》というのができる。養蜂場《ようほうじょう》やミツバチの愛好家は、近くに巣箱を設置し、分蜂後のミツバチが入ってくるようにする。分蜂シーズンは、ミツバチが動く日中はミツバチを見失わないよう、巣の近くで待機していて、ずっと音を聞いているそうです。人間とミツバチの知恵比べですね。

他のハチたちにもそれぞれの興味深い生態があります。毒針で獲物《えもの》を麻痺《まひ》させて巣に運んで幼虫のエサにする狩人《かりうど》バチは、メスが子育てをしますが、オスは交尾をするだけで何もしません。交尾後のメスは獲物を捕まえてきて、腐《くさ》らないように生かしたまま麻《ま》酔《すい》をし、穴に埋《う》め、そこに卵を産みます。幼虫は母の残してくれた昆虫を食べて育ちます。

ハナダカバチは幼虫が育つのに合わせて狩《か》りをして給餌《きゅうじ》するという習性を持ちます。巣にいるときは巣穴の入り口は開いたままですが、出かけるときは塞《ふさ》いでしまう。獲物が小さなハエなのでどんどん補給するという子育てをするハチです。社会性を持つアシナガバチも春に新しい巣を作った女王は子どものためにエサを獲《と》ってきます。このような行為《こうい》は変わらないのが興味深いところです。アシナガバチの世界は、女王以外は働きバチという程度で階級が曖昧《あいまい》で、普通のミツバチほど階級がないようです。僕の中ではアシナガバチは狩人バチが少し社会性を持ったようなイメージですね。このまま進化していくと、もしかすると、より狩人化していく進化もあり得るでしょうが、より社会性を持つのかもしれません。

捕虜《ほりょ》を捕《つか》まえて奴隷《どれい》にするサムライアリ

アリの群れは、基本的には1匹の女王アリ（単雌性《たんしせい》）なので、群れは同じ血統です。もちろん、例外もあってアリの場合には複数女王（多雌性《たしせい》）というケースがあります。複数家族が一緒にすんでいるようなものです。

アリの社会では、役割に応じて生まれたときから形が変わっています。牙《きば》が大きい兵隊アリは、エサを集めたりもしますが、メインの役割は巣を守ることです。アフリカのカメルーンに行ったときに、サスライアリを撮影《さつえい》しました。サスライアリは名前の通り巣を持たずに放浪《ほうろう》をします。その中には階級があって、エサを運ぶ働きアリや兵隊アリなどがいます。非常に攻撃的なアリで、うっかり踏《ふ》んでしまうと多数のアリが嚙みついたり刺したり、気がつかないうちにズボンの中に入り込《こ》んできたりしてきます。刺す力は南米のグンタイアリに比べ弱いのですが、かなり痛いんです。

隊列の中に、ひときわ牙の大きい兵隊アリを見つけました。この兵隊アリはみんなが行進するすぐ横で、じっと行進を見張っているんです。もちろん、他の外敵から守る役目があるのですが、行進の見張りもします。隊列から離れてしまうアリを見つけると、隊列に戻《もど》す。逃亡《とうぼう》しないように見張っている鬼軍曹《おにぐんそう》のように見えましたね。

イソップ寓話《ぐうわ》『アリとキリギリス』の影響《えいきょう》でしょうか。アリは勤勉でおとなしいと思われているようです。しかし、実際はそんなことはなく、サムライアリはクロヤマアリの巣を襲《おそ》い、サナギを略奪《りゃくだつ》します。

夏の暑い午後、ふと地面に目をやると南米のグンタイアリみたいな動きの行列を見つけました。サムライアリでした。慌《あわ》てて追っていくと、一気にクロヤマアリの巣になだれ込んだ。圧巻でした。あっという間に、次々とサナギを運び出すのです。さらったサナギは、孵化させて奴隷として使います。自分の子どもの世話をさせたり、エサを集めさせるのです。サムライアリの大顎《おおあご》は大きくて、敵を嚙み殺したり、幼虫をさらうのにちょうどいいサイズの大顎です。さほど器用なアリではなくて、自分で獲物を取ったり、子どもにエサを与えたりすることが得意ではないのかもしれません。

アリは目がほとんど見えませんので、同じ匂《にお》いになってしまったクロヤマアリは、ま

サムライアリの奴隷狩り。クロヤマアリの巣を襲い、サナギを奪ってきたところ

さか自分がサナギ時代にさらわれたとは夢にも思っていません。なんの疑いもなく、働いているわけです。周りに姿の違うサムライアリがいても、そんなの関係がないわけです。一生懸命《けんめい》、「自分の巣」を守って、巣を大きくしようとする。でも、その巣にはクロヤマアリの女王はいませんから、寿命が来たら、もうその集団は終わりです。サムライアリは、働き手をまた外から集めてくるのです。もちろん、昆虫の世界に道徳なんてないのですが、そんな拉致《らち》誘拐《ゆうかい》が仕組みになったアリもいるのです。人間の社会でも原理主義の

過激派が戦士の相手としてよその町から女性を略奪してくるなんてことが今でもあります。人間もアリと大して変わらないことをやっているわけです。

人間はさらう方にもわずかな良心はあるでしょうし、さらわれる方も親や故郷を思って悲しみに暮れます。だけど、アリの社会は狩られてきた方も、別に悩《なや》むこともなく働くわけですから、人間よりはマシかもしれません。

ただ、サムライアリもクロヤマアリにものすごく依存しています。周りからクロヤマアリがいなくなってしまったら、生きていけないわけです。だから、根こそぎ誘拐してはいけない。うまくバランスをとっているようです。

アリの世界は案外大変?

人間は社会性昆虫から分業を学んだわけではないのですが、まったく同じような方法を用いて、社会を成立させています。でも、そんなアリやハチの社会では、オスはオスらしく生きることはできないし、女王以外のメスもまたメスらしくいることはできませ

交尾を済ませたクロオオアリの女王は地上に降りるとみずから
４枚の翅を切り落とし、巣作りに適当な場所を探し始める

ん。やはり、人間には耐《た》え難《がた》い社会なのではないかと思います。個人の振《ふ》る舞《ま》いはすべて抹殺《まっさつ》される、ある種の独裁国家状態です。人間の独裁国家の場合、独裁者がいるわけですが、アリやハチの世界では、必ずしも女王が独裁者ではありません。女王も、子どもを産む、ただそれしかできない存在です。「女王」という名前が付いていると、女王が偉《えら》くて、他のものを支配しているように見えます。だけど、実は女王は、女王としてしか生きることができず、子どもを産む以外、何もできません。そういった意味ではかわいそうな存在でもあると思います。権

産卵したトゲアリ

力なき君臨といいましょうか。それも「女王」に生まれた宿命なのです。

トゲアリというアリがいて、女王がクロオオアリの働きアリに乗って、自分にその集団の匂いをつけます。そして、巣の中に入り、女王アリを殺害してその巣を乗っ取るのです。目が見えないアリは、自分の女王だと思って世話をする。しかし、実際はトゲアリの卵。クロオオアリの世代が変わると、徐々《じょじょ》にトゲアリの巣に変わっていきます。社会を持っているアリだからこそ、その社会を維持する難しさがあるし、そのシステムを突《つ》いてコロニーごと手に入れようとするものもいます。女王は女王で大変ですね。こういう例を見聞きすると、やっぱり僕は気楽なチョウのようなタイプの昆虫がいいなあと思うのです。

大きな蚊柱《かばしら》はなぜできる？——ユスリカの事情

群れというものは、ただなんとなく集まっているわけではなく、必ず何かの目的があり、なんらかの意味があるはずです。社会性昆虫の場合には、仲間同士のコミュニケーションというのがあって、それぞれに役割があります。社会性昆虫でなくても、比較的多くの昆虫が、交尾のときや越冬のときなど、ある一定時期だけ一時的に集まります。同じ目的のものが集まれば、目的を果たしやすいと考えるのでしょうか。

グラウンドで野球やサッカーをしていて、ふと頭上を見上げると大量の羽虫が舞《ま》っていたことがありませんか。蚊柱という現象で、数万匹の群れが頭の上をうごめくのは、なかなかインパクトがあります。蚊柱は逃げても逃げても追ってくる。男性でも悲鳴を上げて逃げている人がいますよね。蚊柱という呼び方ですが、ユスリカという昆虫で、似てはいますが蚊ではありません。刺されたことないでしょう？　もしあれが全部蚊だったとして、一気に刺されたら最後、顔ならば元の姿をしていないでしょうね。

ユスリカは頭の上を飛ぶため、頭虫と呼ぶこともあります。周りにあるものより少し高いところに集まる習性があるので、人の頭の上にできた蚊柱は、人が移動してもついてくることがあります。嫌《いや》だったら、自分より背の高い人に近づいて、移してもいいかもしれません。すぐにまた群れるとは思いますが……。彼らは群れて何をしているかというと、実はみんなで集まってパーティのようなことをしているんです。群れはすべてオスの集団。この群れの中にメスが1匹飛び込んで、結婚《けっこん》相手を見つけるというドラマチックな婚活《こんかつ》パーティをしているのです。人間の頭の上で、ユスリカたちの生涯を左右する大イベントが繰り広げられていたのです。集団で集まることで、羽音がしてさらにオスがやってきます。そして、大きな蚊柱を見つけたメスが飛び込むのです。だから、人間の音にも反応します。気持ち悪いからといって「キャー！」なんて、叫《さけ》ぶとさらにユスリカが集まってきますのでご注意ください。だけど、僕は蚊柱が好きなので、川原で「ワーッ！」と叫んだりします。すると、ユスリカがわさわさ集まってくるのです。

こんなに楽しいのに、なんでみんな嫌がるのか僕には不思議です。

越冬のために集まる昆虫たち

冬を越《こ》すときに、ものすごい数のテントウムシやカメムシが1ヶ所に集まります。単独でいるよりも命が守られやすくなるなど、集まることによってメリットがあるのでしょう。カメムシは押《お》すと臭《くさ》い匂いを出すことで有名ですが、これは敵に対する威嚇《いかく》でもあり、集団を形成している仲間に対して「逃げて！」という合図を送る意味もあります。

たしかに、一面びっちりカメムシがいるのは気持ちが良いものではありません。捕食《ほしょく》者である鳥がどう思うかはわかりませんが、一定の威嚇にはなっていると感じます。テントウムシにも毒があります。捕食者がやって来て、テントウムシを食べたとしましょう。犠牲《ぎせい》者は出ます。だけど、「これまずいなあ！」と、毒が明らかになれば他は食べられないので大勢が助かります。個体間の関係はないにしても、生存のためにものすごく有利になるのです。なぜ集まることができるかというと、匂いを頼《たよ》りに集まってくるのです。観察していると、毎年同じ場所に集まることが多いのですが、前の年の匂いが残っていたりするのでしょうね。世代を超《こ》えたジェネレーションが集まってくると思います。匂い以外に、群れにとって冬を越すのに適した場所というものがあります。湿度《しつど》や温度の好みもあるはずです。だれかがそういうところに飛んで来ると、仲間が引き寄せられるし、そのあたりを飛んでいて前の匂いが残っていれば、またそこに入っていきます。そして、同じ場所に同じような集団ができるというふうになりますね。

メキシコにいるオオカバマダラというチョウは、北のカナダまで飛んで行って、そこで繁殖をし、その子孫がまたメキシコに戻って来ます。カナダの冬は大変厳しいですから、冬にはできるだけ気候変動が少ない場所で過ごしたいわけです。ある程度、湿気も必要ですので、メキシコの標高３０００メートルのところに集まって来ます。そして、また暖かくなると北へ移動する、そういう習性が身についているのです。地磁気や気候を感知して、方角や位置などがわかるらしく、毎年同じ場所に巨大なコロニーができます。

僕はこれまで、メキシコのエル・ロサリオを何度も訪れたことがあります。オオカバマダラのコロニーとしてもっとも大規模なもので、およそ３０００万匹《びき》のチョウが集まります。そのずっと前、１９７２年ころにも訪れていたのですが、越冬場所は基本的には当時とまったく変わっていませんでした。ただし、2度目に訪れたときは観光客で賑《にぎ》わっていました。たぶん世界で虫を見にこれほど人の集まる場所はないでしょうね。国が厳重に管理していて、オオカバマダラが一番多く集まる場所に入ることは難しいようでした。

観光客が増え、地元が潤《うるお》い、越冬地が保護されるという良いパターンであるけれど、あまりの人の多さに、チョウの毎日の行動ルートは少し変わってしまったようでした。僕が行った少し前に嵐《あらし》があったおかげで、林の中は、累々《るいるい》たるチョウの死骸《しがい》で覆《おお》われていました。強風に煽《あお》られてチョウが落とされたり、急な積雪があったせいで、恐らく9割くらいが死んだのではという話を聞きました。この群れは大打撃《だげき》を受けたと思ったのですが、現地の人は心配するなと言います。以前もそんなことがあり、8割程度のチョウが死んだものの、次に戻ってきたときは3割増しで増えていたそうです。大量死という事態が起きると、かえって生き残ったチョウの子孫が力強く生き抜くのでしょうね。

大量発生という戦略

セミは鳴き声で集まります。特にクマゼミは、1匹が鳴き出すとつられるように集まり、相当数が集まります。当然、個体間の関係はありません。ただ、集まっていることによって出会いの場となる。そして、また競い鳴く。群れるということが、子孫を残すことにダイレクトにつながっている。都心ではセミ好みのいい木が少ないからでしょうか、一本の木に多く集まる傾向《けいこう》にあるように思います。クマゼミは1本の木に30〜40匹くらいは集まることがある。音もやかましいし、結構な量ですよね。そんな木を見ると、「ああ、夏だな」と思う。風流とは言い難いが、実に夏らしい。

しかし、それがかわいらしく思えるのがアメリカの周期ゼミ（素数ゼミ）です。13年ゼミ（南部中心）と17年ゼミ（北部中心）がいます。名前の通り、その周期ごとに大量発生するのです。ニュースで見たことはないでしょうか。大量発生時は、ものすごい数のセミが木々や地上を覆い尽《つ》くします。ピーク時には、1平方メートル当たり1000

〜2000匹のセミがひしめき合い、木の根もとには、数日間に4万匹もの幼虫が出てくるというから、もう、セミの地獄《じごく》絵図です。13年と17年という周期が比較的大きな素数になっているので、両者が交雑するタイミングは221年に一度。12年と16年ゼミだと、48年ごとに可能性が出てくる。この大量発生のメカニズムにもまた、何かしらの戦略が隠されているはずです。しかし、なぜこれほど大量発生するかはまだまだ謎《なぞ》です。たしかに、オスメスが出会いやすいのは間違いないけれど……あまりにも多いですよね。

生存確率0・0004パーセントにかけるツチハンミョウ

集団行動ではありませんが、「生き延びる＝たくさん産む」手法をとる昆虫を紹介《しょうかい》しましょう。

昆虫の使命は、生き残り子孫を残すこと。これは生き物すべてに共通することですね。いまこの世に生きている、一見どんなに弱そうな生き物も、この生存競争を生き抜いてきたわけです。生態系を見ると、昆虫は下位に属しています。僕たち哺乳類から見ると、昆虫は小さく、あまりに弱い。その弱い昆虫が生き延びるにはどうすればいいでしょう?

答えの一つは、たくさん卵を産むことです。ミツバチやアリなどは1匹の女王が数年で数十万以上もの卵を産みますが、これは例外ですので一般的な昆虫の話をしましょう。基本的に昆虫は、卵をたくさん産みます。昆虫の産卵数は種によって大きく幅《はば》があり数十~1万個くらいのようです。チョウなどは200~300個ほどでしょう。人は1年にひとりなのに多いですよね。それは産みっぱなしにするので、数が必要なのです。1ヶ所にたくさん産卵してしまうと、植物を全部食べてしまって孵化しても幼虫が育たない。だから、一つの植物には卵は数個しか産まないなどの工夫もあります。

卵を多く産むのは、卵や幼虫が食べられる危険が高いからです。僕の見た中ではツチハンミョウという、カブトムシやクワガタと同じ甲虫目《こうちゅう》の青色の甲虫は、ずいぶんたくさん卵を産みますね。5000個ぐらい産んだのを見たことがありますが、この幼虫は大人になるまでの間、想像を絶する苦難の道をたどります。

ツチハンミョウはハナバチ(ミツバチの仲間)に寄生する昆虫です。産卵から40日ほどで孵化すると、まず周囲の草によじのぼって、花の中に潜《もぐ》り込みます。そして花の中で幼虫は、昆虫がやって来るのをひたすらじっと待つのです。花の蜜を吸う昆虫がやって来たら、その昆虫に飛び乗ります。その昆虫が何かなんて、幼虫は選びません。うまくハナバチに出会うことができた幼虫はハナバチの毛にしがみついて巣に忍《しの》び込み、その後、卵や幼虫を食べて育つというように進化しています。他の昆虫には対応していないため、飛び乗ったのがハナバチ以外だとのたれ死にしてしまいます。ちなみに最初に乗ったのがオスのハナバチだった場合も、交尾をするためにメスと接触《せっしょく》した隙《すき》にメスのハナバチに乗り換《か》えなければなりません。まるで、港で行き先を知らぬまま船を見つけ

産卵するヒメツチハンミョウ

密航するようなものですね。ツチハンミョウは人生の始まりに、いきなり大ばくちをする。しかし、卵の数から推測するに、都合よくハナバチの巣に到達《とうたつ》することは非常に少ないでしょう。秋に成虫になって、越冬し、翌年の春、ハナバチが活発に動き始めるころに目覚めて交尾をし、卵を産むのです。

生物が数を維持《いじ》するためには、産んだ卵から最低限2匹は成虫になって、また卵を産んでくれないと困る、というより、絶滅《ぜつめつ》してしまいます。では、たくさん成虫になればいいかというと、そうでもありません。あんまりたくさん成虫になりすぎると、今度はエサが足りなくなるので、基本的には2匹よりちょっと多めがちょうどいい。増えすぎてもダメ、少なすぎてもダメなんですね。5000個の卵から仮に2匹が成虫になり子孫を残せたとして、確率は全体の0・0004パーセント。ツチハンミョウのように生き残れるかどうかは運まかせの、過酷《かこく》な環境下の生き物ほど成虫がたくさんの卵を産むと考えられています。

お手製のゆりかごで子育てするオトシブミ

イチかバチかより、安全に子どもが育つ環境をつくる昆虫もいます。オトシブミです。夏になる前、僕の仕事場の近くではクリの木の葉っぱを使い、せっせとゆりかごを作っているのを見かけます。オトシブミは揺籃《ようらん》という子どものためのゆりかごを作るのですが、ゆりかご作りには春の柔《やわ》らかな葉を使います。オトシブミが気に入った葉を見つけると、まず葉の付け根に近い方に切り込みを入れます。主脈を残し反対側まで口で切り込みを入れる。肢《あし》を葉の切り込みに入れて切り離す。観察していると、けっこう時間をかけて揺籃を作ります。1日に2、3個作れればいいのではないでしょうか。その中に卵を産むため、せっせとオトシブミはゆりかごを作ります。

フンコロガシの糞球《ふんきゅう》も、ある種のゆりかごですね。フンコロガシは糞球の中に卵を産む。幼虫は糞球を食べ、そこでサナギとなり、成虫になって出てきます。子育てこそしませんが、できるだけ安全に育つ環境を、手間暇《てまひま》かけて用意している。子どもたちが生

ゆりかごを作るオトシブミのメスと喧嘩するオス2匹

オトシブミの、子どものためのゆりかご

き延びる確率を上げています。低い確率でもたくさん卵を産みっぱなしにする戦略、数少なく卵を産み環境のいい場所で育てる戦略。それぞれの昆虫がさまざまな生存戦略を用いています。

多くの昆虫は、子育てをしないと言いました。たまたま今は多くの昆虫が子育てをしていないだけで、以前は子育てをしたのかもしれません。どちらに進化しているかはまだわか

フンコロガシ版、子どものためのゆりかご

りません。ただ、現状を見る限り昆虫は「子育てしない派」が多いのです。卵の数が少ない場合、環境が急激に変わったりすると、絶滅の危険があると思います。特に、現在の世界の状況《じょうきょう》を見ていると、人為《じんい》的な影響で昆虫のいる地域の環境ががらりと変わることがあります。そういう場合には、生まれてくる幼虫のケアをする虫のほうが、危険な立場に立たされています。

でもツチハンミョウみたいに、その幼虫が必ず他の昆虫の力を利用してどこか行かなくちゃいけないという戦略をとった生き物の場合も厳しいでしょう。いくら卵を産んでも、理想の場所に行けるかどうかわからないし、近くからハナバチがいなくなったら、その影響を受けて一気に生存の可能性がなくなってしまいます。事実、ハナバチが減った地域なんていくらでもありますから、ツチハンミョウもかなりの打撃を受けているはずです。

僕の観察する限り、一般的なチョウのように、幼虫が食べる植物に卵を適当に産むよ、というような昆虫は、生存確率も高いだろうと思います。だけど極端《きょくたん》に数の少ない植物を食草とするチョウなんかは厳しい。自然のバランスが少し崩れるだけで危機に瀕《ひん》してしまいます。時代や環境に応じた、適正なバランスというものがあるのです。

種の中には多様性はない

本書で僕はアリやハチの仲間が苦手だと言いましたが、どうもあのシステムになじめません。チョウなどに比べると自由が無いように思えてしまう。だけど、嫌《きら》いだと言いながらも興味は尽きません。人は、自分と共通するものを好んだり、反対に嫌ったりする傾向があるそうです。本当は「アリ的世界」や「ハチ的世界」に憧《あこが》れがあるのかもしれない。まさかそんなことは無いと思うけれど、心のどこかでは、昆虫写真家として一匹狼《おおかみ》（昆虫写真家なのにオオカミとは変な喩《たと》えですが）で生きていくよりも、どこかの学校で教師をやるか、会社に入って、趣味で写真を撮《と》り続け、定年後にカメラマンになったらよかったのにと思っているのでしょうか……いや、それはありません。僕は大学を出てから40年以上、ひとりで写真を撮ってきました。もちろん、ひとりというのはこの章でもさんざんお話ししたように、厳密にはひとりではないのは十分承知していますす。たくさんの方の世話になっているけれど、昆虫と僕との関係で言うと、やはり1対1です。これまで自分の好きな昆虫の写真をずっと撮り続けてきました。それは、やはり組織に入っていたら無理だったと思います。会社に入れば、年を重ねれば中間管理職になり現場には行けなくなる。まかり間違って社長にでもなったら、現場には出られなくなるでしょう。南米のジャングルやアジアの熱帯雨林に行かせてもらえない。そんなのはまっぴらごめんです。僕の立ち位置は「群れ」ではなく、「個」です。だけど、群れを否定しているのではありません。

たとえば、昆虫図鑑《ずかん》を出版するとき、それは「群れ」である出版社という会社組織と仕事をしなければ、十分な内容の本は出版できないのです。こんなカメラが欲しいなというこちらの希望から、実際にカメラの開発もしました。それも、カメラ会社という「群れ」においてです。僕という存在は、昆虫写真家という「個」でありながら、大きな「群れ」と共に仕事をして生きている。それは僕だけではなく、多くの人がそうでしょう。多様性のある昆虫は、人を映す鏡のようです。昆虫に喩えるなら、いま僕はどんな虫なのか。そんな自分の状態を教えてくれるような気がします。

番外編

嫌われものの虫大研究

WORLDLY WISDOM
FOR 14 YEARS OLD

嫌《きら》われることで生き延びる？

昆虫《こんちゅう》がニガテ、という人は、残念ながら少なくありません。最近では「気持ち悪い」というクレームが入って、学習ノートのカバー写真から昆虫が外されてしまった「事件」も起きました。さすがにそれは行き過ぎだという声があるのを聞いて、多少なりともホッとしましたが、わかってもらえないな、という寂《さび》しさは拭《ぬぐ》えません。実は昆虫写真家の僕《ぼく》にだって、クワガタやカマキリがカッコいいと思う反面、不得手な昆虫もいます。でも、どうして好きじゃないのでしょう。ひょっとすると、わざと嫌われていて、嫌《いや》がられることが生き延びる戦略なのかもしれません。

ここでは番外編として、一般《いっぱん》的に人間から好かれることのない昆虫たちに注目してみたいと思います。

クモやムカデを、嫌いな昆虫の筆頭に挙げる人は多いでしょう。しかし最初に訂正《ていせい》しておくと、クモやムカデ、ヤスデ、ダニなどの生き物は、昆虫ではありません。地球上に一〇〇〇万種以上の生き物がいるともいわれています。人間はこれらを特徴《とくちょう》ごとに分類してきました。その階級は上位より界《かい》、門《もん》、綱《こう》、目《もく》、科《か》、属《ぞく》、種《しゅ》などに分けられています。「〇〇県△△市□□町××番地」という住所が日本のある地点を表わすように、生物を括《くく》っていくことで、どんな生き物かが概《おおむ》ねわかるようになっています。僕たちヒトはというと、動物界―脊索《せきさく》動物門―哺乳《ほにゅう》綱―サル目―ヒト科―ヒト属―ヒトです。これによると、ノコギリクワガタは動物界―節足《せっそく》動物門―昆虫綱―コウチュウ目―クワガタムシ科―ノコギリクワガタ属―ノコギリクワガタです。一方で身近に見かけるジョロウグモは動物界―節足動物門―クモ綱―クモ目―ジョロウグモ属……と、途中《とちゅう》までは似ているものの、昆虫とは別の仲間に分類されているのです。

昆虫の定義は大きく分けて3つあります。

1、脚《あし》が6本ある（クモは8本、ムカデはいっぱい……）

2、頭部・胸部・腹部の3ヶ所に分かれる

3、胸部に3対の脚がある

クモやムカデは昆虫ではありませんが、嫌われものの昆虫を考える入り口として取り上げておきます。足がいっぱいあるというのは、僕が見ても気持ちが悪いです。地面に這《は》いつくばって、昆虫を探しているときにあんなにたくさん足のあるムカデに出くわしたら……。南米の熱帯雨林には、ペルビアンジャイアントオオムカデという最大40センチメートルくらいの毒を持つムカデがいます。想像するだけで恐《おそ》ろしいですね。

おそらく人間は、自分とかけ離《はな》れている

コモリグモの仲間と思われるクモ。オランウータンの顔にも似ている

ものほど「わけがわからない」と思うのでしょう。好き嫌いはあるとしても、人間と同じ哺乳類に属するネコやイルカを見て、気持ち悪いと言う人はほとんどいません。哺乳類であるネコやイルカは我々に近いからですよね。姿や性格、仕草などに共通点を見出しやすく、違《ちが》いよりも仲間だと思う気持ちが上回る。人間とかけ離れれば離れるほど、人は不気味に思うのです。

昆虫は多種多様な形をしています。だけど、サイズが比較的《ひかく》小さいので、人間とかけ離れた格好で多少嫌がられたりはしても、脅威《きょうい》にはなりません。もし、もっと体が大きかったら、どうでしょう。チョウの幼虫がイルカくらいの大きさだったり、カマキリがカンガルーくらいの大きさだったら怖《こわ》い上に気持ち悪い。僕だって近づきたくはありません。

しかし、毒虫ならともかくとして、日本にいるのは触《さわ》ったくらいではなんの害もない昆虫がほとんどです。なぜそんなに嫌われてしまうのでしょう。

身近なだれかが虫が苦手。

よく聞くのは「母親が嫌い」という理由です。たしかに、世の母親は昔から虫嫌いが多いように思います。だけど、子どもが捕《と》ってきたセミやバッタを見て、父親は幼いころを思い出すかもしれない。昆虫採集をしたことのある父親は、絶対に子どもよりも虫を捕るのがうまいと思っているはずで、「よし、今度お父さんと虫を捕りに行くか」と一緒《いっしょ》に野山に入るということがあるかもしれません。母親は虫嫌いでも、父親が昆虫好きなら、子どもが頭から虫嫌いになる確率は、単純計算で50パーセントです。それに、子どもは天邪鬼《あまのじゃく》なところがあって、母親が嫌がることはおもしろがってやってしまう。好きになる確率は上がっていくでしょう。反対されながらも虫を飼っていると、さらに好きになります。僕にも、そうやって虫と共に過ごしていた経験や時期があったように思います。

だけど、その幼少期に昆虫との関わりを一切持つことができなかったらどうでしょう。

その情報の無い状況下《じょうきょうか》で、母親が虫を毛嫌いしたら。……子どもにとって昆虫は得体のしれない存在に映るでしょう。そんな人が大人になってから昆虫に目覚めることは稀《まれ》です。昆虫に無関心の人は、いつしか昆虫が苦手になって、その後は昆虫嫌いのままなのです。

ゴキブリは本当に怖いのか

嘆《なげ》き節が続きますが、マンションにゴキブリが出たという理由で引っ越《こ》しをしたという話も聞いたことがあります。しかもそれを言っていたのは、男の人なんです……。僕は自宅マンションにゴキブリが出たら、手で捕《つか》まえて窓の外に放すか、ときには足で踏《ふ》みつぶすこともあります。気持ち良くはありませんが、危険なことはありません。ゴキブリはちょっと動きが速いので、気持ち悪がる人がいるけれど、案外清潔な虫なのです。殺虫剤《ざい》や毒エサの方が僕は怖い。もし、そんな薬品を使って殺して、その死骸《しがい》をペットが食べたらどうなるでしょう。毎年殺虫効果を競うように新しい殺虫剤が発売されていますが、僕は目に見えない害の方が怖い。テレビCMなどで恐ろしさを煽《あお》りすぎるような気がしています。外国の動物園には普《ふ》通《つう》のゴキブリが展示されています。

ゴキブリの動きというのも素早い。昆虫はゆっくりと動くものが多いのですが、ゴキブリもっとノソノソ歩けばいいのに、かなり速く動くわけです。ムカデのたくさんの足が素早く動くのも、気持ち悪いですよね。その速度というものが、僕らの「虫の範《はん》疇《ちゅう》」から外れるのでしょう。それに加えて、お母さんがゴキブリを見てギャアギャア言うから、余計気持ち悪くなるわけです。お母さんがあれほど騒《さわ》がなければ、子どもも気持ち悪く感じないでしょうね。本能的な怖さはさほどないですから。

たとえば、サルやチンパンジーの子どもに、30センチメートルほどの縄《なわ》を投げると怖がるそうです。本能的にヘビと思うのでしょう。ヘビを食べるような生き物に、縄を投げてやると喜びます。ネコが紐《ひも》で遊ぶのは、ヘビの代わりです。実際にマレーシアへ行ったとき、野良ネコの子どもが、紐で遊んでいるのを見ました。近づいてみると、それはヘビだったんです。子ネコであってもヘビを怖がらないんですね。

昆虫を「生理的に気持ち悪い」って言う人がいるけれども、実際は後の刷り込みであると思います。本能的に嫌っているのは、ヘビやムカデなどの毒のある生き物で、きっと、人間も昔にいじめられた時代があったからかもしれませんね。そういった経験によって、人間の頭のどこかに、ヘビを嫌う本能があるのかもしれない。

　昆虫ではありませんが、サソリとカニは、見た目は似ています。だけど、カニを見るとおいしそうに見えて、サソリを見てもおいしそうには見えません。サソリを見ると、なんか刺《さ》されるんじゃないかと恐ろしくなる。僕がそうであるように、

おなじみクロゴキブリ。比較的暖かい場所を好む

カニを見てよだれを垂らす人はいるというのに。

本当に嫌うべき昆虫は？

生物の世界には、捕食《ほしょく》されるものと捕食するものがいます。たとえば、東南アジアに大きなサソリがいて、クモが大好物なのです。大きなトリトリグモやタランチュラをイメージするとわかりやすいと思います。これを2匹《ひき》で向き合わせると、クモが萎縮《いしゅく》してしまいます。そのクモはサソリにやられたことはなくても、種の大敵であることが、本能的にわかっているからです。

人間が本当に嫌って遠ざける必要のある、命の危険を感じる昆虫は、日本ではオオスズメバチくらいでしょう。

しかし、一度刷り込まれたものは、なかなか取っ払《ぱら》えません。最近はゴキブリが家の中から減りました。高層マンションなんて、ほとんどいないでしょう。そういう「無ゴキ環境下《かんきょうか》」で育った子どもたちは、母親がゴキブリを怖がる姿を知らないから、反対に怖がらない子どもも増えてくるかもしれませんね。ですが、ハチなどはやはり毒を持っていますし、アナフィラキシーショックで重症《じゅうしょう》、ときに死に至る場合もあります。子どものころに自然体験が極端《きょくたん》に少ないと、ハチすら怖がらない子も出て危険です。怖がるべきハチなどはきちんと警戒《けいかい》して、むやみに怖がる必要のない昆虫はできるだけ、ニュートラルに接して欲しいと思います。

僕は昆虫が大好きで、それを仕事にしているけれど、なにも、すべての虫を殺すなとは言いません。農業に大きな打撃《だげき》を与える害虫は適切な方法で駆除《くじょ》した方がいいと思います（できたら、自然農法の方向に行けばいいとは思いますが）。古い家にシロアリが出たら、これは根絶しなくてはいけません。スズメバチが家の軒先《のきさき》に巣を作ったら急いで取った方がいい。蚊《か》に刺されるのも嫌です。僕はゴキブリが出ると、できるだけ手で掴《つか》んで窓の外に逃《に》がします。しつこかったり面倒《めんどう》だったりするとスリッパでつぶしてしまいますが、できる限り昆虫は殺したくはないし、うまく付き合っていきたいと思っています。

僕はゴキブリと暮らしたことがある

ゴキブリと暮らしたことがあります。もちろん、趣味《しゅみ》ではないですよ。写真を撮《と》って本を作るためです。観察しているとおもしろい。チャバネゴキブリは求愛行動をするときに、触覚《しょっかく》でフェンシングをして、相手がオスかメスかを確かめます。それから翅《はね》を上げて、後ろから液を分泌《ぶんぴつ》するのです。その液をメスが舐《な》めている間に交尾《こうび》をするというわけです。見ていると愛らしい気持ちも湧《わ》いてきます。チャバネゴキブリは柿の種《たね》ほどの大きさですので、気持ち悪くないんです。自分が意図《いと》的に飼っている、と思えば、コントロール下に入るからそれほど気持ち悪くないのかもしれません。

だけど、コントロール下にないものは気持ちが悪い。大きくて素早いワモンゴキブリやクロゴキブリなどは大きかったり、色も黒っぽく、「ザ・ゴキブリ」という感じで日本では嫌われ者の王者かもしれません……。家が古いと、たいていどこかにすみ着いています。みなさんも、急に出てきてびっくりしたことがあるでしょう。僕は「怖い」とは思わないけれど、予期しないところに出てくるので嫌ですね。夜、部屋に帰ってきて電気をつけると、部屋にいたゴキブリと鉢合《はちあ》わせしました。僕の部屋は床《ゆか》が明るい色だったので、黒いゴキブリは目立ちます。なぜゴキブリが黒く、驚《おどろ》いたときに止まるかというと、もともとはジャングルにすんでいた昆虫なんですね。危険が迫《せま》ったら、その場所で止まるというのは、生き延びるための手段なんです。ジャングルは草木で覆《おお》われているし、黒っぽいものは見つけられにくい。その本能がまだあるもので、白い壁《かべ》や明るい床の上でも止まってしまう。むしろ目立ってしまうというのに……。

ゴキブリをどう退治するか考えた

写真を撮るためにゴキブリを飼っていたとき、完全に密閉したところで飼っているわけじゃないから、たまに逃げるわけです。ヤマトゴキブリならかわいいからまだしも、クロゴキブリも逃げ出します。外に逃げてくれたらいいんだけど、家の中が暖かくて、エサもあって居心地《いごこち》がいいから居着いてしまう。その家は長野にあるので、本来は冬になると寒くて死んでしまうわけです。だけど家に一年中人がいる環境だと暖かいし、エサもあるので生き延びてしまうんですよね。それで、室内で増えてしまったゴキブリを退治するのに数年かかりました。増えた経験から、やっぱり、クロゴキブリが部屋に増えると困るなあと実感しました。昆虫の標本や置いてあった虫たちも食べられてしまいました。

ゴキブリを駆除する場合、粘着《ねんちゃく》テープの仕掛《しか》けにおびき寄せる駆除用品がありますよね。これは「集合フェロモン」を利用しています。集合フェロモンというのは、集団で生活する動物が分泌するフェロモンで、他の個体を誘引《ゆういん》する作用があります。それを人《じん》為《い》的に合成して駆除用品に付けておくと、ほいほいとゴキブリが掛かるわけです。実際、1匹ゴキブリがかかると、ゴキブリ自身が集合フェロモンを出しますので、さらにどんどんゴキブリが捕れるようになる。もし、家にたくさんゴキブリが出るようだったら、駆除用品をすぐに捨てない方がゴキブリはいっぱい掛かります。

今増えているのはゴキブリがエサを食べ、巣に帰ったときに死に、その死骸を食べた仲間ごと駆除するというタイプの薬品です。ゴキブリが集団生活をしているのを利用していて、成虫だけでなくゴキブリの卵にも効果があるといいます。強力な殺虫剤《ざい》もたくさんありますね。しかし僕は、これは実に卑怯《ひきょう》なやり方だと思います。本来、ゴキブリを捕まえるときは、自分でスリッパやら新聞で叩《たた》くのが一番です。それに、その強い殺傷効果が他の生態系を壊《こわ》してしまわないかも心配なのです。

たとえば、山のアカマツが枯《か》れるのは、マツ材線虫という線虫が原因です。その線虫を広めたのがマツノマダラカミキリだったんですね。それでマダラカミキリを殺すために、ホルモン剤を撒《ま》いた時期がありました。そのホルモン剤は、本来マダラカミキリにしか効かないはずだったのが、他の昆虫にも効いてしまい、山の生態系に打撃を与《あた》えてしまった。人間には害はなかったかもしれないけれど、虫が死に絶えるとそれをエサにしていた鳥や小動物はどうなるんでしょう。

農業でも、消費者の意識が高まり、昔ほどきつい農薬を撒くことは減りつつあります。水田に「低農薬」の、ある農薬を撒いたところ、軒並《のきな》みトンボのアキアカネがいなくなりました。大きな生き物には効かない微量《びりょう》の農薬だったのですが、体内に農薬を蓄積《ちくせき》した小さな虫をトンボのヤゴが食べると、農薬が濃縮《のうしゅく》されてヤゴが死んでしまったのです。

農薬などの殺虫剤、ホルモン剤などは、予期せぬことが起こることもあるでしょう。家に出るゴキブリ程度であれば、集合フェロモンを使った駆除用品で地道にゴキブリを退治すればいい。薬品をばらまいて、人間の見えないところで死んでしまえばいいだろうという考えはいけない。それが外に出て死んだらどうなるでしょう。鳥やモグラが食べるかもしれない。土壌《どじょう》や地下水に影響を与えるかもしれない。

ともかくゴキブリがいたら、叩いて殺したらいいんです。人間が、それくらいできないでどうするのって思います。「叩こうと近づいたら、急にこっちに向かって飛んできた！」と、ゴキブリが人間を翻弄《ほんろう》するかのようなことを涙《なみだ》ながらに言う人がいます。しかし、それは思い過ごしでしょう。そもそも、ゴキブリは逃げるときに飛ぶこともあるわけですが、たまたま飛んだ先に自分がいたので、その嫌な記憶《きおく》が残っているのでしょうね。ゴキブリは、実はあまり頭も目もよくありません。とりあえず逃げるときに、何も考えずに飛んでいくだけ。もし、飛んできたらはたき落とせばいいだけの話です。ゴキブリは決して汚《きたな》くもないし、襲《おそ》ってくることもない、毒もない。ただ、黒くてちょっとすばしっこいだけなのですから。

意外なゴキブリの生態

かつて、ゴキブリは小児麻痺《まひ》（脊髄性《せきずい》小児麻痺）のポリオ・ウイルスを媒介《ばいかい》するといわれていました。しかし、この病気は日本や世界のほとんどの国々で根絶宣言が出されようとしていて、ゴキブリを通じて小児麻痺になることはありません。不衛生な昆虫の印象ですが、体内から殺菌・消毒作用のあるクレゾールのような液を撒きながら歩いていて、実はすごく清潔です。汚いところにいるので自分の体に汚《よご》れが付かないようにしているのです。

世界でもっとも体重が重いヨロイモグラゴキブリ。土中に巣を作る

多くのゴキブリはジャングルの中にすんでいます。地面とか朽木《くちき》にいるゴキブリは、擬態《ぎたい》していて茶色や黒色ですが、きれいな色をしているゴキブリもいる。テントウムシに擬態したテントウゴキブリ、瑠璃《るり》色の小さなルリゴキブリ、エメラルドグリーンがあざやかなグリーンバナナローチなど。ヨロイモグラゴキブリは10センチメートルほどあって、カブトムシのメスぐらい大きいゴキブリです。走らずノソノソと歩くので、ペットとしても人気があります。ゴキブリの全体の種類は3000〜4000種類。そのうちの約30種類のゴキブリが、人間の家の中に入り込《こ》んでいるそうです。そもそも暖かいジャングルに住む昆虫です。だから、北海道など寒冷地にはすんでいません。ゴキブリは冷蔵庫の近くとか、キッチン付近で見かけることが多いでしょう。やっぱり暖かい環境を好むのです。

日本のゴキブリの中で、外にもいて、家の中にもいるというゴキブリは、ヤマトゴキブリでしょう。森と家の中にすんでいるので、森でカブトムシを探していると、樹液にカブトムシと紛《まぎ》れてヤマトゴキブリがたくさんいます。ゴキブリは、黒くて平たいので、クワガタのメスと間違えることも多く、みなさんもそんな経験があるかもしれません。

それにヤマトゴキブリは、一般的なゴキブリよりは動きが遅くて、手で簡単に捕まります。

「やった！　クワガタ捕まえた」

「かわいいねえ」

なんて、言っていたのにあるとき、クワガタではないことに気がつく。クワガタと思って手で捕まえていたのに、ゴキブリとわかると、不思議なもので急に気持ち悪くなったりします。

ゴキブリのすごさはいろいろあるけれど、僕が

クロゴキブリの孵化。卵は卵鞘（らんしょう）の中に２段になって入っている

ゴキブリのチャームポイントを挙げるなら、トンボ同様、この世の中でもっとも姿を変えずに進化してきた生き物の一つという点です。ゴキブリの体が、いかによくできているかに注目してみてください。体が平たいことは、いろんなところに潜り込むのにすごくいい。野外では、樹の皮の下などに潜り込んでいるのだと思いますが、身体性を活かした特技は家の中でも受け継《つ》がれ、どんな細い隙間《すきま》でも入っていく。だから、現代人は捕まえるのが大変でスプレーなどを多用してしまうのです。さらに雑食なのでエサを選ばない。テカテカとした光沢《こうたく》を帯びた体は汚れがつきにくい。繁殖《はんしょく》力もあるんです。カマキリと同じように、卵鞘《らんしょう》というカプセルの中に卵を産んで乾燥から守る。種類によっては、卵をお尻にくっつけたまま歩いたり、生まれた後も幼虫を保護するなんていうのもいる。人間が滅《ほろ》んだら、ゴキブリの世界になるといわれるほど、彼《かれ》らはたくましいのです。

異常に嫌うのはなぜだろう

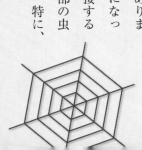

この章の冒頭《ぼうとう》でもお話ししましたが、子どもたちが使うノートの表紙に昆虫がいるのが嫌だという意見があると言います。どうやら、親世代の意見だという話を聞きました。実際に、「昆虫は気持ち悪い」といった意見が寄せられ、2012年にジャポニカ学習帳の表紙から昆虫が消えてしまったのです。今は全部花です。子どもたちに絶大な人気を誇《ほこ》るカブトムシやクワガタ、ユーモラスなバッタ、美しいチョウでさえも、怖い、気持ち悪いという。昆虫採集も虫は不衛生だから触るのをやめましょう、昆虫標本も殺して作るものだから、虐待《ぎゃくたい》だという大人がいます。もちろん、それは全員の声ではありません。いつの世だって、苦情を言う人の声が大きく、企業や学校はその声に敏感《びんかん》になってしまいます。だけど、僕は講演会や写真展などで、いろんな世代の昆虫好きと接するけれど、昔より昆虫に興味を持っている人が増えているように感じます。昔は一部の虫マニアしか来なかったような写真の展示や講演会に多くの人が集まってくれます。特に、

以前はあまり見なかった女の子が増えていて、僕の話を真剣《しんけん》に聞いています。講演会をすると半分ぐらいは女性ですね。僕はそこに希望の光を感じています。

街を歩くと小型のカメラを持つ女性をよく見かけます。山などでも、登山者の多くがカメラを持って自然を撮影《さつえい》している。一時は「カメラ女子」なんて言葉があったようですが、もはやそれは普通の存在ですよね。最近は至近距離《きより》を撮影できるデジタルカメラを持つ人が多い。写真が好きで自然を撮影し、花を撮っていたら、昆虫の世界に気がついた……という人もいるようです。僕自身、あるカメラの開発をお手伝いしたことがあります。コンパクトなデジカメなのですが、簡単に昆虫や花をうまく撮れるような接写に特別に強い仕様を提案したのです。そのカメラを使ってくれた人たちから「気持ち悪いと思っていた昆虫が、とても美しかった」とか「いろんな昆虫がいるんだとあらためて気がついた」なんて話を聞くと、本当にうれしいですね。その意見のなかにも多くの女性がいました。女性はあまり昆虫と接してこなかったが故《ゆえ》に、ニュートラルな気持ちで昆虫を見てくれているような気がします。彼女たちがお母さんとなり、子どもたちと一緒に近くの公園や野原に入り、そして昆虫の魅力《みりょく》に触《ふ》れてもらえたら……。子どもとお母さんが夢中になれば、お父さんも参加するでしょう。

適切に怖がろう

せっかくですから番外編の最後は「昆虫って怖い！」で締《し》め括《くく》りましょう。昆虫の中には恐ろしいものもいます。最近では今まで日本にはなかったデング熱のような伝染病が持ち込まれたりしています。デング熱を媒介するヒトスジシマカは以前から日本にいたのですが、人の往来が激しくなって、デング熱にかかっている人が、帰国してしまったのでしょう。ちょっと話題になったジカ熱（ジカウイルス感染症）もヒトスジシマカなどが媒介します。この蚊は冬は活動しませんが、気候変動が原因で冬があまり寒くなくなってきたのも問題になるかもしれません。本来日本にはすんでいなかった伝染病を媒介する昆虫が、日本にも入ってくる可能性があります。グローバル化で世界が近く、密接になったので、荷物などに危険な虫が紛れ込んで上陸し、すみ着いてしまうケースも跡を絶ちません。日本には冬があるため多くの外来種は越冬《えっとう》できずに死んでしまいま

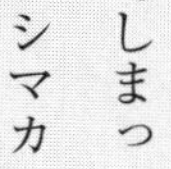

すが、さらに温暖化《おんだん》が進んで気温が上昇《じょうしょう》することで生き延びたり、暖かい建物にすみ着いてしまったりしないかは心配です。昆虫ではありませんが、最近日本のあちこちで確認されているセアカゴケグモのメスは強力な神経毒を持っており、大変危険です。だけど、そんなものに遭遇《そうぐう》する機会は少ない。きっと、こういう情報が錯綜《さくそう》して、すべての昆虫が怖いという話につながっていくのかもしれませんね。もちろん、こういう害虫は正確な情報を持ち、発生する可能性のある場所に近づかないようにしたり、長袖《ながそで》長ズボンで体をガードしていれば、予防は可能です。

本当に気をつけなければいけない昆虫で、僕の頭に思い浮《う》かぶのはオオスズメバチですね。興奮したスズメバチは本当に怖い。むやみにスズメバチの巣に近づくと、カチカチッと警告音を鳴らして威嚇《いかく》してきます。親切に「これ以上近づくなよ」と警告してくれているのです。そんなときはハチを観察しようとしたり、撮影しようとしたりしてはいけません。どんなハチでも、何もしない人を刺すようなことはまずしません。体に止まっても、落ち着いてじっとしている。しばらくすると、どこかへ飛んでいきます。そして、ゆっくりとその場から遠ざかればいい。走って逃げたり、手で払ったりすると逆効果です。スズメバチは攻撃《こうげき》されたと思って、攻撃を仕掛けてくる場合があるんです。一度刺されると、警報フェロモンも同時に付けられてしまいます。これは「こいつは敵だ。徹底的《てってい》にやっつけろ！」、という合図なんです。

「ハチに2回刺されると死ぬ」という話を聞いたことがあるでしょう。これは迷信でもなんでもなく、実際に起こり得る「蜂毒アナフィラキシーショック」という症状《しょうじょう》です。実際に、林野庁によると年間20人前後の人が命を落としています。クマによる被《ひ》害《がい》は年間数名であるのと比べると、いかにハチが恐ろしいかわかります。蜂毒アナフ

スズメバチの威嚇。怒っている顔がおもしろいけれど近づくと危険

イラキシーショックは、ハチに2回以上刺されることによって、体内で免疫《めんえき》が異常に反応し、アレルゲンに過剰《かじょう》反応を起こしてしまうのです。蜂毒アナフィラキシーショックが起きると、じんましん、血圧低下、呼吸困難、意識障害などのショック状態になる。場合によっては、死にいたる危険な症状です。しかし、実際は個人差やハチの毒の量、毒の回り方によるのでケースバイケースです。一度刺されただけで死んでしまう人もいれば、複数回刺されても大丈夫《だいじょうぶ》な人もいます。もし、刺されたら冷静になってその場所から離れましょう。そして、傷口を洗って毒を絞《しぼ》り出し、傷口に虫さされ薬を塗《ぬ》る。もし、ショック症状が出そうならすぐに病院です。しかし、蜂毒によるアナフィラキシーショックは発症《はつしょう》時間が10〜15分程度。急いで処置をしてください。本来ハチは無差別に人を攻撃することはありません。「ハチ刺され災害」を防ぐガイドマップ（林野庁）によると、スズメバチが攻撃をするには4つの段階があります。

1　巣への接近に対する警戒《けいかい》

巣の出入り口や表面にいるハチが、近づいた人や動物を注視する一方で、一部は巣を離れて周囲を飛び回ります。

2　巣への接近に対する威嚇

警戒のため巣を離れたハチが人や動物に接近し、高い羽音を発して、上下、左右をまとわりつくように飛び回ります。

3　巣への間接的刺激《しげき》に対する攻撃

ハチの威嚇を無視したり、これに気がつかないとき、また、巣に震動《しんどう》を与えたときなどは、巣内から多くのハチが飛び出して大騒ぎとなります。こんなときは、威嚇中のハチのほか、巣の中からも次々と飛び出して、相手にまっすぐ飛びかかり毒針で刺します。

4　巣への直接的刺激に対する攻撃

巣を直接に刺激したり、巣を破損した場合などは、巣内から多くのハチが一斉《いっせい》に巣の外へ飛び出してきて威嚇なしにいきなり相手に飛びかかり、すぐに刺します。

しかし、いきなり4になることはまずありません。恐ろしいのが、山や森の中でスズメバチが地面や朽《く》ちた木に巣を作る場合です。ハチが休んでいるとき、気がつかずに巣を踏みつけてしまうと、1～2の段階を越《こ》えていきなり戦闘《せんとう》態勢です。本当に恐ろしいので気をつけてください。スズメバチの恐ろしさに比べたら、ミツバチなんて優しいものです。ですが、ミツバチも人を刺すと体内に針を残し、警報フェロモンを出します。巣の近くで刺されたなら、すぐさま仲間を呼んで巣を防衛するため攻撃の手を緩《ゆる》めることはないでしょう。だから、いくらミツバチでも興奮させないよう気をつけなくちゃいけないと思います。

スズメバチではありませんが、低い草むらに巣を作っているアシナガバチには僕も時折刺されます。ズキンと鈍い痛みを感じたときはもう遅い。すぐに毒を絞り出して、薬を付けます。最近、アウトドアショップなどでポイズンリムーバーという注射器の針のないものも売っています。フィールドに行くときは、そういったものを常備するのもいいですね。

昆虫嫌いを克服《こくふく》するには、飼ってみよう

ここまで読んでみて、昆虫に興味はあるけれど、それでも昆虫が気持ち悪いなと思う人がいると思います。そういう人は、飼ってみるといいと思います。イヌやネコと違って昆虫は反応しませんが、自分の管理下にあれば気持ち悪くはありません。まず、飼うのはやっぱりクワガタとかカブトムシがいいでしょう。比較的長生きだし、飼い方も簡単です。夜の公園や山でわりと簡単に見つけることができると思いますが、ハードルが高いようだったら買ってきてもいい。ペットショップやホームセンターで売っていますので、手に入れやすいでしょう。オスとメスの観察をしつつ、うまく交配させて卵を産ませて孵化《ふか》させるとなおよい。幼虫、サナギという変態を経て成虫になります。きっと、感動すると思います。増えたら、さらに飼い続けてもいいし、友人や近所の子どもにあげると喜ばれるでしょうね。

それに、カブトムシやクワガタって手がかかりません。昔はスイカの食べかすを与え

たけれど、小バエがたかったりして不衛生で、お母さんたちが虫嫌いになる原因だったのかもしれません。今は昆虫ゼリー（樹液を主食とする昆虫用の人工飼料）が売られています。これさえやっていれば、大丈夫。特にクワガタは楽ですね。コクワガタやオオクワガタは越冬しますから、数年観察することができます。

カブトムシなどでは簡単すぎるという人は、アゲハチョウがいいかもしれません。アゲハチョウの幼虫は緑色をしていてけっこう可愛らしい。都心でも公園の植え込みでよく見かけます。もし庭やベランダにミカンやゆず、サンショウの木があればそこに卵を産むこともあります。そのまま外に置いておくと、たいてい鳥がやって来て食べてしまいますから、袋《ふくろ》をかけて保護するとか、葉っぱごと室内に入れて飼うといいでしょう。幼虫からサナギにして、チョウになる過程を見ればとても感動します。なぜあんな形の幼虫から美しいチョウになるのか不思議でたまらない。すごく神秘的な気持ちになりますね。そして、大人になったチョウはぜひ自然に帰してあげましょう（ただし、山のチョウや外国のカブトムシなど、近くにいない昆虫は絶対に放してはいけません）。

こうやって「育てた」経験が増えれば、幼虫への気持ち悪いという感覚はなくなるでしょう。いろんな毛虫や幼虫を孵《かえ》せば、毛虫なんてなんてことなくなりますよ。育て上げたガも愛らしいでしょう。いろいろな種類を飼ったり、観察していけば「思ったより気持ち悪くないな」と気がつくはずです。

飼育の過程を記録するのも楽しい。今はSNSなどで写真をアップして大勢の人に見てもらったり、感想をもらったり、海外の昆虫好きとつながったりと、昔とは別の楽しみ方が増えているように思います。ブログを作って写真と共に文章を発表してもいい。いろんな発表のしかたがありますよね。

人気もののノコギリクワガタは飼育もしやすい

ぜひ、昆虫写真にもチャレンジしてください。昆虫写真を本格的に始めるには、一眼レフカメラやレンズなどが必要ですが、入門機はコンパクトカメラで十分でしょう。先ほどもお話ししましたが、比較的手に入りやすい値段で高性能のマクロ撮影のできるデジタルカメラも販売されています。スマートフォンなどで撮影するよりも、大迫力《はくりょく》の写真を撮ることができます。電気屋やカメラショップで「昆虫を接写するコンパクトカメラが欲しい」と言えば、店員さんが目的に合ったカメラをオスス

アジアに広く分布する代表的なキシタアゲハの仲間、ヘレナキシタアゲハ

メしてくれます。店員さんにも、けっこう昆虫写真を撮っている人がいるのでいろいろ教えてくれるかもしれませんね。

気持ち悪いという感情は、深いところで恐怖《きょうふ》とつながっています。何度も言うけれど、恐怖を克服するには相手を知るしかありません。恐怖の本質はなんだって同じだと思います。近づき、観察し、理解すれば、恐怖は興味に変わっていくでしょう。世の中で、むやみに虫を追い払《はら》ったり、殺したり、嫌ったりするのを、僕はとても残念に思います。だって、これほど多様性に富む生物群は地球上に他に存在しません。好きになる入り口さえ探し出せたら、その後、昆虫の魅力はいくらでも見つかるはずです。ぜひ、みなさんも昆虫の世界を覗《のぞ》いてみてください。

おわりに　昆虫《こんちゅう》は広い世界への扉《とびら》

一寸の虫にも五分の魂《たましい》という言葉があります。一寸というのは約3センチメートルです。小さな虫でさえ、その半分にあたる1・5センチメートルの魂があるので、弱者を侮《あなど》ってはいけないよという意味なのでしょう。僕《ぼく》には魂の大きさはわかりませんが、そうやって小さな昆虫に思いを馳《は》せるということはとてもよいことだと思います。昆虫を観察すると、とても優しい人間になれると思うのです。

この本はみなさんに「昆虫の生き様《ざま》をもっと知って欲しい」という思いから書きました。この本だけではなく、たくさんある昆虫の本の多くは同じ思いで書かれていると思います。イヌやクジラを愛《め》でるように、ヘラクレスオオカブトムシの立派なフォルムにほれぼれし、モルフォチョウに魂を奪《うば》われ、擬態《ぎたい》するコノハムシやムラサキシャチホコの進化の歴史に思いを馳せてもらいたい。

幸いなことに、日本人はとても本の好きな国民ですから学校や街の図書館には昆虫の本がたくさんあります。たとえ小さな街の図書館でも、けっこう昆虫の本があるんですよ。つまり、同好の士がたくさんいるのです。最初はなんだっていい、興味のある本を手に取り読んで欲しい。『ファーブル昆虫記』でもいいし、ハチやアリの生態を描いた本でもいい。写真集もおもしろい。僕の本も見つけてもらえるとうれしいですね。本を読む際に、図鑑《ずかん》も一緒《いっしょ》に読むといいでしょう。昆虫の名前は多種多様ですし、チョウの名前には似ているものも多いので、イメージしながら読んでいくと頭に入りやすいと思います。図鑑は言わば、昆虫の世界に入るための字引です。昆虫の名前が頭に入ると、この世界は格段におもしろくなる。それで、気に入った図鑑があったら手に入れて欲しい。インターネットも活用して欲しいけれど、調べるのは図鑑がいい。細切《こま》れではなく、体系的な視点で昆虫を見ることができるからです。その知識を携《たずさ》えて、公園や野原、川原、山などのフィールドに出かけてみてください。小さく、目立たなかった昆虫の世界がいかに多様で、魅力《みりょく》に溢《あふ》れた世界であるかが見えてくるはずです。昆虫の知識を持つと、世界の彩《いろど》りが変わる。実際、僕がそうでした。

僕は子どものころから昆虫が好きでした。あるとき、虫歯になったのですが、歯医者に行き渋《しぶ》っていました。当時は今と違《ちが》って、治療《ちりょう》が痛かったですし、足を運ぶのを躊躇《ちゅうちょ》していたんです。母が通っていた歯医者の先生が、昆虫好きだという話を聞きました。たくさん標本を持っているのだそうです。治療の恐怖心《きょうふ》より、興味が優って僕はその歯医者に通うことにしました。結果は大正解でした。治療に行くたびに先生の標本を見せてもらったり、昆虫の話をしたりしていました。先生の病院には昆虫商が出入りしていて、僕は目利《き》きだったものですから先生に「その値段だったら買ってもいいんじゃない」なんて、生意気にもアドバイスをしたりしていました。先生は、年の離《はな》れた大人でしたが、同じ趣味《しゅみ》を持つ仲間になりました。

その歯医者さんが、後の僕の恩師となる昆虫学者の日高敏隆《ひだかとしたか》（1930～2009）先生と、とても親しかった。それが縁《えん》で日高先生を紹介《しょうかい》してもらいました。日高先生の話を聞くと、大変立派な方だということがすぐにわかった。僕も将来、昆虫学者になるんだったら、日高先生みたいな人になりたいと、高校生のころに思うようになったんです。当時、日高先生は東大から移り、東京農工大の助教授になったころでした。

日本で大学進学をしたいと思う一方、珍《めずら》しいチョウのたくさんいるブラジルに移住したいと思っていました。当時、農業移民ではブラジルに渡《わた》れなかったので、化学や食品関係の会社に勤めたらブラジルに移住できるかもしれない、昆虫学者になるにしても農工大の農芸化学科なら都合がいい。高校生にしては功利的な考え方もあって進学しました。大学では日高先生からたくさんのことを学びました。もう、何年も前に先生はお亡くなりになりましたが、今も僕は先生の教え子であるという気持ちです。

当時、母が家で塾《じゅく》を経営していたので、塾で講師のアルバイトをしました。そこで稼《かせ》いだ資金を使ってカメラ機材を買い揃《そろ》えたり、擬態の章でお話ししたようにアジアの山々に昆虫採集・撮影に出かけたりしました。そしてますます、昆虫の世界に埋没《まいぼっ》していきました。おもしろいことに、この世界にはまればはまるほど、昆虫の世界が広がっていくのです。昆虫の研究には生物学的なアプローチはもちろん、地理学、気象学、科学などさまざまな学問を横断する博物学的な知識が必要です。しかも、未だに正確な数がわからないほど昆虫の種類は多い。足元や木の上に、果てしない未知の世界が広がっていたのです。

結局、僕は大学に残って研究職に就《つ》いたり、就職することはやめて、昆虫写真家の道を進むことになりました。僕が昆虫写真家になって50年近い年月が過ぎました。大学生のころに、昆虫写真家を志し、昆虫世界の淵を覗《のぞ》いたときはこれほど長くこの世界にいるとは思いませんでした。しかし、いまだに僕は撮影したい昆虫がたくさんいる。現場に立ち会いたい瞬間《しゅんかん》がある。一時も飽《あ》きずに、夢中になってシャッターを押し続けています。

たとえば、どこでもいいのですが、町中《なか》のバス停やコンビニの前の道にしゃがんでみてください。じっと目をこらしてみると、小さな虫がいることに気がつくでしょう。アリが小さなガの死骸《しがい》を運んでいる。植え込《こ》みに目をやると、名前のわからない虫がいる。カマキリやカナブンはすぐに見つけることができる。チョウが飛ぶのも見えてくる。何気ない日常の中に、小さな命がたくさんある。町中でこうなのだから、山や川原はどれほどの昆虫がいるでしょうか。こんな昆虫の世界が日本中、いや世界中にあります。しかも、昆虫のいる世界は立体的です。地表はもちろん、地中にもいますし、草や木にもいる。空も飛んでいる。昆虫は場所を選びません。観察しようと思えば、どこでもできるのです。

動物カメラマンなら、アフリカのサバンナや南米のジャングルの奥地《おくち》に出向かなければならないけれど、昆虫写真家は身の回りにフィールドがある。それは、写真家である僕もみなさんも同じなのです。ぜひ、みなさんも昆虫に目を向けてください。そこには、この本でご紹介した昆虫より、さらにおもしろい世界が広がっています。

はじめにお話ししたように、昆虫の種類はおよそ１０００万種類といわれています。人間の想像力をはるかに超える独創的な生物群が、僕たちのすぐそばにいるのです。

なんでここにいるんだろう。
なんでこんな色をしているんだろう。
何を食べているんだろう。
オスなのだろうかメスなのだろうか。
どんな飛び方をするんだろう。

鳴くのか。
噛《か》むんだろうか。
近くに仲間はいるだろうか。

知らないものを知ったとき、その疑問がさらなる興味へと変わることを経験するでしょう。僕が昆虫をおもしろいと思うのは、その多様性だとお話ししました。一生かけてもすべてを見ることはできないし、毎日のように新種が発見される。しかも世界中に研究者がいるから、興味深い生態の研究や調査がどんどん挙がってくる。僕の子どものころにわからなかったようなことが、遺伝子解析《かいせき》や世界のネットワークを利用した共同研究で明らかになっています。常識を覆《くつがえ》す研究が発表されたり、驚《おどろ》くべき新種が発見されるかもしれません。でも、はじまりの一歩は観察なのです。それは昔から変わっていない。みなさんに、じっと昆虫を見てもらいたい。目の前にいる小さな虫が、大きな世界へと続く扉なのです。

著者紹介

海野和男（うんの・かずお）

1947年東京生まれ。昆虫写真家。東京農工大学の日高敏隆研究室で昆虫行動学を学ぶ。大学時代に撮影した「スジグロシロチョウの交尾拒否行動」の写真が雑誌に掲載され、それを契機に、フリーの写真家の道を歩む。アジアやアメリカの熱帯雨林地域で昆虫の擬態を長年撮影。1990年から長野県小諸市にアトリエを構え身近な自然を記録する。主な著作に『子供に教えたいムシの探し方・観察のし方』(サイエンス・アイ新書)、『大昆虫記』(データハウス)、『蛾蝶記』(福音館書店)、『昆虫顔面図鑑』(実業之日本社)などがある。日本自然科学写真協会会長、日本動物行動学会会員、日本写真家協会会員。

14歳の世渡り術

昆虫たちの世渡り術

2016年10月20日　初版印刷
2016年10月30日　初版発行

著　者　海野和男

構成　井上英樹
ブックデザイン　高木善彦

発行者　小野寺優
発行所　株式会社河出書房新社
〒151-0051　東京都渋谷区千駄ヶ谷2-32-2
電話　(03)3404-8611(編集)／(03)3404-1201(営業)
http://www.kawade.co.jp/

印刷　凸版印刷株式会社
製本　加藤製本株式会社

Printed in Japan
ISBN978-4-309-61703-9